掌控人性

〔奥〕阿尔弗雷德·阿德勒◎著

邵 蕾◎译

台海出版社

图书在版编目（CIP）数据

掌控人性 /（奥）阿尔弗雷德·阿德勒著；邵蕾译
. -- 北京：台海出版社，2023.12
ISBN 978-7-5168-3736-8

Ⅰ.①掌… Ⅱ.①阿… ②邵… Ⅲ.①个性心理学—
通俗读物 Ⅳ.① B848-49

中国国家版本馆 CIP 数据核字（2023）第 217171 号

掌控人性

著　　者：（奥）阿尔弗雷德·阿德勒　　　译　者：邵　蕾

出 版 人：蔡　旭　　　　　　　　　　　封面设计：尚世视觉
责任编辑：魏　敏

出版发行：台海出版社
地　　址：北京市东城区景山东街 20 号　　邮政编码：100009
电　　话：010-64041652（发行，邮购）
传　　真：010-84045799（总编室）
网　　址：www.taimeng.org.cn/thcbs/default.htm
E－m a i l：thcbs@126.com

经　　销：全国各地新华书店
印　　刷：三河市双升印务有限公司
本书如有破损、缺页、装订错误，请与本社联系调换

开　　本：710 毫米 ×1000 毫米　　 1/16
字　　数：170 千字　　　　　　印　　张：13
版　　次：2023 年 12 月第 1 版　　印　　次：2023 年 12 月第 1 次印刷
书　　号：ISBN 978-7-5168-3736-8

定　　价：59.80 元

推荐序

掌控人性 掌控人生

阿德勒毕生致力于让普通人能用个体心理学的观点解读行为、理解人性。所谓人性，很难有一个准确的定义去概括它，但人人都觉得自己很了解人性，能够轻易看透人心，尽管这个社会一直缺失对人性的教育。其实，某些天生共情能力特别强的人确实更容易辨别人性，他们会运用自己的同理心与他人感同身受，能设身处地地从他人的角度思考问题，并且意识到他人的价值。还有一类人可以真正理解人性，那就是忏悔的罪人。他们要么是从某种精神问题中解脱出来，要么是从自己的病症中得到启发。总之，他们一定是经历了一番"寒彻骨"，最终摆脱了生活的苦难，从人生的泥潭中挣脱出来，因而能从这种痛苦经历中更好地理解人性的善与恶。

人类虽然是社会性动物，个体的发展也与群体密不可分，但我们从一出生就不断感受到分离，我们会与父母分离、与同伴分离、与生命中的重要他人分离。特别是在当下社会，人与人之间的联系越来越少，我们的内心也更加孤独，即使是朝夕相处的人，也有可能成为最熟悉的陌生人。我们感叹无人理解自己，正如我们无法理解别人。对这个世界的理解程度决定我们对这个世界的态度，我们的命运也是由自己的内心决定的。如果我们总是对这个世界有很多误解，就很容易做出错误的判断，从而可能导致人的性格偏差或者行为不良。这种误解可能不会立刻产生不好的后果，但一定会伺机搅动我们的生活，而且误解的危害会随着时间的推移而日渐加剧。因此，理解并解决人性问题对我们来说至关重要。理解人性是社会关系的基础，是生活融洽的前提。当我们更好地理解彼此时，就能更好地与对方产生共情，也能在与人相处时保持亲密的关系。

要理解人性、研究人性，一定绕不开"童年"这个话题。目前心理学界公认的观点是，决定个体生命发展的最重要阶段是童年时期。也就是说，个体童年时期的经历和成年之后的行为表现有一致性与整体性，即使成年后外在的生活环境发生改变，某些心理过程的表现形式和表达方式也因时而变，但个体的内在行为动力和最终想要达到的目标并没有改变。比如，一个在亲密关系中有疏离感的成人，总是与别人保持距离，极力回避各种亲密接触，并且性格多疑、不信任任何人。追溯至童年时期我们会发现，他的父母因为工作比较繁忙而无暇兼顾事业与家庭，导致他们疏于对孩子的照顾，常常无法及时回应他的需要和情绪，而年幼的孩子又无法对这种经历做出理性的判断，那么他只会本能且自卑地认为自己是不被爱的、不被关注的，以至于形成稳定的回避型依恋心理，即使父母在未来制造和孩子亲密相处的机会来弥补孩子童年的缺失，也很难改变孩子的生活风格和行为模式。这个成人的各种疏离表现正是对童年经历的映射，这种强迫性重复恰恰说明我们每个人都很难改变对生活的态度。

因此，如果我们想要理解个体稳定的行为模式和人性特征，仅仅探究成年后的这一部分经历意义不大，一个人在童年时期形成的生活方式和态度才是至关重要的。如果我们不了解人性，不了解童年经历，仅仅做表面功夫，即使外在的行为表现确实发生了改变，内在的行为模式也依然没有发生变化。每个人自童年起都有或清晰或模糊的行为目的和生活目标，因此，我们未来所有的行为表现都是在为实现这个目标而努力。《掌控人性》这本书能够纠正我们很多关于人性的错误观念，从而学会一种新的思考问题的方式。当我们有自我觉知和自我批判能力时，我们就有能力和意识赋予过去的经历以新的价值和视角，并对人性产生一种新的理解，而且还会觉察外在行为和性格背后的动力，这一切都将使我们成为一个不一样的人。

作者序

　　本书通过将个体心理学的各种观点应用于日常生活中的行为，阐述了个体心理学的基本内容，以及个体心理学对于世界、人类和每个人日常生活的重要意义。本书是基于我在维也纳人民学院一年来为数百位不同年龄、不同职业的观众所展示的演讲内容，目的在于让大家了解一个人的错误行为究竟如何影响我们的社会生活，我们应如何意识到自己的错误，以及如何做出正确的调整。如果说商业或科学上的错误会让我们付出巨大的代价，那么一个人行为上的错误则会严重威胁到生活本身。为了让人们更好地理解人性，拥有更光明的人生之路，这本书由此诞生。

阿尔弗雷德·阿德勒

前　言

"人的命运由自己的内心决定。"

——希罗多德

自古以来，关于人性的研究一直存在很多问题，我们几乎很难给出明确的假设和答案，只能小心翼翼地去实践和验证。但是解决人性问题对于文化的发展又至关重要，因此，我们力求使人性研究成为一门科学，使其适用于每个人，而非仅仅是科学家们的学术产物。

相比于以前，现代人的生活更加孤立，人与人之间联系的减少非常不利于我们理解人性。从童年开始，我们与同伴的联系就被家庭隔断，当我们与他人之间的交往减少时，我们很有可能对他们的行为产生误解、错怪他们，甚至与他们成为"敌人"。我们经常会看到，一起走路或一起说话的两个人仍然可能将对方当作陌生人，这种情况不仅会出现在社会中，也会存在于家庭中。父母经常抱怨他们无法理解孩子，而孩子又总是抱怨自己被父母误解。对他人的理解程度决定了我们对他人的态度，当我们不了解他人时，我们很可能会依据表面的假象做出错误的判断。因此，理解人性是社会关系的基础，也是人类生活融洽的前提。

为了使人性研究成为一门严谨的科学，我们决定从医学的视角出发，探究人性研究的基本假设是什么、我们需要解决怎样的人性问题及我们预期的结果是什么。

精神病学就是一门需要充分理解人性的科学。精神科医生需要尽可能快速并准确地了解精神病患者的内心，只有这样，他们才可能提供有效的诊断和治疗。如果精神科医生的判断出现错误，就会导致相应的后果；只有当医生对患者的内心有充分的了解时，他才有可能成功治愈患者。因此，精神病的治疗是对我们能否真正理解人性的一个很好的检验。但是，在日常生活中，由误解而产生的不良后果虽不会立刻出现，但这并不意味着误解的危害会随着时间的推移而减弱，有时我们可能会在几十年后发现自己对他人的误解给他人造成了非常不好的影响。因此，不仅是精神科医生，我们每个人也都有义务和责任学习关于人性的知识。

对于精神病的研究结果表明，精神病中的精神异常、情绪紊乱、错误理解等问题在正常人中也会出现，唯一的区别是精神病患者在这些问题上表现得更明显、更容易识别。因此，对于精神病患者的研究更有利于我们了解正常人的行为表现和特征。

通过对精神病患者的研究，我们有了很多重要的发现，其中之一是我们发现决定个体生命发展的最重要阶段是童年时期，这与很多学者的观点一致。不同的是，我们认为一旦可以确定个体童年时期的经历，就可以将其与个体之后的行为表现相联系，并且二者之间应该具有一致性和整体性。通过将个体童年时期与成年期的经历和态度相对比，我们发现心理过程的表现形式并不仅仅由心理过程本身决定，还需要从整体上考虑个体的行为模式和生活方式，从而能更好地理解个体的心理过程，并且也会发现个体童年时的观念与成年后的观念是完全一致的。从心理发展的角度来看，某些心理过程的外在表现形式或表达方式可能会随着时间的推移而改变，但是从内在来看，其内在的动力和最终想要达到的目标并没有改变。比如，一个焦虑症患者可能会经常产生怀疑和不信任的想法，并且尽量与社会保持距离，但是与这些症状有关的特征在他三四岁时就有相应的表现，只不过被人们忽略了。因此，我们希望将关注点聚焦在患者的童年时期，进而推测患者在成年后的某些特征表现；并且，我们认为个体成年后的表现就是他们童年时期经历的直接映射。

以上我们的观点全部基于一个假设，即成年后个体很难摆脱童年时期对自己的影响，几乎没有人可以改变自己童年时期的行为模式，所以我们才可以通过患者对自己童年时期的经历的描述来准确地推测他们当前的人格特征，即使他们成年后的生活环境与童年时期不同。另外，个体成年后对生活态度的改变也并不意味着行为模式就会改变，童年时期和成年期的心理目标仍然是一致的。同样地，如果我们想要改变患者的行为模式，关注个体成年后的经历是没有意义的，还需要从童年时期经历入手，去发现患者最基本的行为模式，更好地理解患者的人格特征并对病症做出合理的解释。

因此，想要更好地理解人性、研究人性就离不开对个体童年时期的研究。虽然已经有很多研究开始关注生命最初几年的经历对个体的重要影响，但是仍然还有很多值得我们去发现和探究的东西，毕竟这对人性研究来说有着重要的意义。

为了不使人性研究误入一家之说，我们希望大家能够一起来发展人性研究，毕竟我们的研究成果并不是为了自己的利益，而是为了让所有人都受益。在很多年前，我们已经开始将自己的研究成果引入教育学领域。教育学对每一个想要检验自己研究成果的学者来说都像一个巨大的宝库，因为教育学和人性科学一样，它不仅仅需要在书本上被展现，更需要在生活中被实践。

就像画家在画一幅画时需要充分地感受画中人物的特征，我们在认知自己时，也应该透过自己外在所表现出来的欢笑与悲伤，去了解内在真实的自己。人性研究就像一门艺术，它通过很多方法来表现自己与其他事物的联系，从而帮助我们更好地认知其他事物。在文学作品和诗歌中，人性研究的首要目标就是扩大我们对于人类的认知，只有这样，我们的心理才能发展得更好、更成熟。

但是，目前我们在人性研究方面还存在很多问题，其中最大的困难是人们相信自己对于人性的认知是非常敏感的，几乎没有人认为自己不了解人性，即使他们并没有做过任何的人性研究。如果要求他们把自己所掌握的关于人性的知识拿出来检验一下，这简直就是对他们的冒犯。而那些真正想要了解人性的人通常能借助其同理心意识到人的价值，他们能与那些经受过心理困扰的人们感同身受。

但正是因为存在这样的困难，我们才更需要寻找方法来解决。当我们在表达对某个人的看法时，应尽可能地小心谨慎，因为没有人愿意让自己被随便地定义。比如，炫耀自己对人性的了解，或者在晚餐时谈论邻居的性格特点，这些都是对于人性知识的误用，如此一来，可能会使那些不了解人性的人对其产生错误的认知，即使对那些了解人性的人来说，这也会让他们感到难堪。理解人性的过程需要我们虚心地求证，任何关于人性的实践研究结论都不能随意而草率地得出。

所以，我们建议那些认为自己了解人性的人首先检验这些结论是否适用于自身，否则不应该将人性研究的成果强加于那些真正深受其害的人身上。同时，为了不给人性研究带来新的困难，我们需要承担一些充满激情但考虑不周的年轻研究者所犯的错误。我们还要保持谨慎，确保结论的完整以及对人类的益处，只有这样我们才能最终将人性研究的成果公之于众。

在继续深入探讨人性问题之前，我们需要再次对上文提到的一个观点进行解释。也许很多人难以理解，为什么一个人的生活风格是无法改变的，明明他在生活中会有很多经历，而这些经历应该是可以改变他对生活的态度的。每个人都会对自己的经历做出一定的解释，但是没有任何两个人在面对同一件事情时会给出相同的结论。另外，并不是所有的经历都会让我们变得更聪明，也许我们可以从一些经历中学会如何避免再次犯同样的错误，学会与他人相处，但是我们的行为模式并不会因此而改变。所以，每个人的经历背后都存在一个共同的目标，并且这些经历与他的生活风格相一致。正如俗语所言，我们的经历由我们自己决定。人们从自己的经历中所总结的也不过是他们想要得到的结论。

比如，一个人不断地犯同样的错误，他可能会得出一个与众不同的结论，认为自己日后就可以避免再犯这个错误了；他还可能会否认自己曾在同一个问题上多次犯错；或者他会责怪父母对他的教育，或者他可能抱怨没有人关心他，或者是因为自己被宠坏了，或者是因为自己遭到了不公平的对待，他可以找到各种借口来为自己的错误辩解。但无论他想用什么样的借口来掩盖自己的错误，其实根本上都说明他想要逃避责任。因此，通过辩解，他认为他似乎就可以避免被指责，并且把错误归咎于别人。在面对错误时，人们往往会忽视自己并没有付出太多努力的事实，相反，他们只会担心错误是否还存在，并将错误出现的原因归结于教育等问题。可见，我们对于同一经历可能有很多不同的解释，并且从中得出不同的结论，这在根本上是因为我们内在的行为模式始终不会改变，我们只能通过改变对经历的解释使其符合我们的行为模式。所以，对人类来说，最难的事情莫过于了解自己然后改变自己。

任何不了解人性理论和人性研究方法的人很难教育他人成为更好的人。因为当他不了解人性时，他所能做的只是表面功夫，并且相信只要外在改变了，个体的行为模式就会发生显著的变化。但是，实践让我们意识到这样的方法根本无法改变一个人，如果个体只是改变了外在表现，内在的行为模式没有改变的话，这样的改变是毫无价值的。

可见，想要改变人类并不是一个简单的过程，需要我们对改变的过程保持乐观和耐心，并且摒弃私人的虚荣心，因为被改变的个体没有义务成为我们借以虚荣的对象。同时，转变的过程应该以一种合理的方式进行，就像一道美味的菜，如果拿给一个还没有准备好享用它的人，或者上菜的时机不恰当，那么品尝菜的人可能品尝不出菜的美味。

除了个人层面，人性研究还存在社会层面的意义。当人们能更好地了解彼此时，必然能够更好地相处，更愿意与他人保持亲密的关系，不愿让对方失望，并且会减少对他人的欺骗。因此，我们必须让从事人性研究的工作者们意识到人性研究存在的未知影响，人类行为背后所隐藏和伪装的真实人性，并且从实践中彰显人性研究的社会意义。

那么，哪些人是最适合进行人性研究并将其付诸实践的呢？仅仅从理论上进行人性研究，知道一些法则或分析数据的方法，而不在现实中进行实践，这是远远不够的。我们需要将研究成果应用于实践，并将各种成果关联起来，发现一些更清晰、更深入的研究成果，最终将人性研究成果在生活中进行检验和应用，这才是从理论上进行人性研究的真正目的。除此之外，目前人性研究还存在很多问题，其中一个重要原因是，在我们的教育中，关于人性的知识太少，而且我们所学到的很多人性知识都是不正确的。因为当代教育并没有给予孩子们关于人性的有效知识。孩子们只能凭借自己的想法解释自己的经历，只能在课程学习之外发展自我。从传统上来看，人类一直就没有想要真正了解人性，人性研究在今天就像化学在炼金术时代一样。

究竟哪些人最适合从事人性研究呢？我们认为，那些在当今复杂而混乱的教育系统中，仍然能够不脱离社会关系的人最适合进行人性研究。总结起来，这些人要么是乐观主义者，要么是敢于与悲观抗争的悲观主义者。但是，仅仅能够与他人保持社会关系是不够的，还需要有一些与人性相关的经验。在缺乏人性教育的今天，有一类人可以真正地理解人性，那就是忏悔的罪人。他们要么能将自己从某种精神问题中解脱出来，要么已经从自己的问题中得到某些启发。除此之外，其他人当然也可以了解人性，尤其对于一些天生就能辨别人性以及共情能力很好的人。能够真正了解人性的人会在生活中充满激情，而忏悔的罪人在当今一样宝贵。当一个人可以摆脱生活的苦难，让自己从生活的泥沼中挣脱出来，并且从一些痛苦的经历中发现对自己的益处，理解生活的善与恶并不断提升自己，那么，我们相信没有人可以比他更了解人性。

当发现一个人的生活方式无法使他自己过上幸福的生活时，我们有义务运用我们所了解到的人性知识帮助他改变自己的某些错误观念，使他调整后的观念既能适应社会又能让自己生活幸福。比如，我们可以给他提供一种新的思考问题的方式，并且让他认识到社会意识和集体意识的重要性。但是，我们也不应该期望给他创造一个理想化的精神世界，毕竟对一个迷茫的人来说，一点新的想法都可能使他受益匪浅。所以在某种程度上，我们所提出的关于人类行为存在因果关系的严格决定论的观点也并非错误，这种因果关系并不同于一般意义上的因果关系。当一个人有了自我觉知和自我批判的能力时，他对于自己经历的解释将会获得新的价值；而当一个人可以决定自己的行为动力时，他对于自我的理解能力也会变得更强。因此，一个人一旦了解了以上关于人性的真理，他将成为一个不一样的人，而这些关于人性的知识也必然会在他身上发挥作用。

目　录 CONTENTS

第一部分　掌控人类行为

第二部分　掌控人类性格

阿德勒认为，我们对世界的理解程度决定我们对世界的态度，我们的命运也由自己的内心决定。因此，理解并解决人性问题对我们来说至关重要，它是我们建立社会关系的基础，是生活融洽的前提。

01

第一部分　掌控人类行为

掌控人性

Adler believes that our understanding of the world determines our attitude towards the world, and our fate is also determined by our own hearts. Therefore, it is essential for us to understand and solve human nature problems. It is the basis for our social relations and the premise for our harmonious life.

第一章

灵 魂

生命的定义与前提

我们通常认为只有能活动的、有生命的有机体才有灵魂，有灵魂的个体必须能够自由活动。比如，长在土壤中的植物，它们无法活动，也就没有灵魂，它们没有情绪或思想，也感受不到疼痛，更不会因为无法避免苦难而忧虑。所以说，植物不具有理性和自由意志。

能够运动是动物与植物的区别之一，它与个体内在的心理活动密切相关。人类心理演变的过程与机体的运动密不可分，人类可以凭借记忆和过去的经验在不断地迁徙和发展中解决所遇到的问题，从而使自身能够更好地适应生活环境。因此，人如果想要使自己的心理不断发展成熟，首先需要确保自己的身体是可以自由活动的，而身体的活动又可以进一步刺激和促进个体心理的发展。换句话说，如果一个人的每一次运动都是设定好的、不自由的，那么他的心理发展将会停滞不前，"只有自由才能促使人类进步，不自由将扼杀和毁灭人类"。

心理功能

如果从机体运动与心理活动密不可分的观点来看，心理活动似乎就变成了机体在适应环境的过程中为了进攻或防御而发展出来的一种与遗传有关的能力，其最终目的是确保人类能够一直在地球上生存下去，并不断地发展和完善。没有人是一座孤岛，我们需要与外界环境接触，我们在感受环境刺激的同时，环境也需要我们给予反馈。但是当外界环境想要摧毁人类时，人类又显得很渺小，无论借助怎样的方法终究无法躲避。

从人类与环境的关系来看，人性与自然、优势与劣势这些相对的概念与个体本身密切相关，只有当人类在某一时刻真正地发现和了解自己时，这些概念才会被赋予意义。我们都知道，人类的脚在某种程度上其实是由手退化后形成的。对需要攀爬的动物来说，手的退化是不利于它们生存的；但是对需要行走的人类来说，脚反而更有利于生存。所以，退化不一定是不好的，反而是环境在告诉我们哪些功能对人类的发展是有利的，哪些是不利的。当我们想象着奇妙的宇宙、昼夜交替、太阳和原子以及人类的生命时，我们就会发现有无数种力量正在影响着我们。

人生的目的

生命的运动轨迹始终朝着一个目标前进。对人类来说，生命不是静止的，而是由多种力量促成的复合体，但是该复合体最终只会为了一个目标而努力。这种目的论的思想是人类能够更好地适应环境所发展出来的一种本能。

人生的状态由目标决定。如果人生没有一个终极目标，指导我们什么时候做什么事、是否要继续或改变人生的方向，那么人类将无法思考、没有意识，无法坚持、没有梦想。只有当个体能够适应自身的发展并能够适时地对环境变化做出反应时，才能最终形成属于他自己的人生目标。无论是身体还是心理的变化都只有基于这个目标才能更好地发展，才能获得生命动力的支持，而这个目标本身是可以变化也可以不变的。

因此，生活中很多现象似乎都可以被看作个体为未来情境所做的准备，我们只能依据个体外在的表现形式推测其目标是什么，而无法真正了解个体的心理或灵魂。个体心理学也认为，每个人心理的外在表现形式都将指向其最终的人生目标。

在了解一个人的人生目标或者说世界的某些规律之前，我们必须先了解他的行为表现和表达方式，以及他为了实现自己的目标所做的努力。就像扔一块石头，我们可以猜到它接下来的运动轨迹，因此我们也应该了解个体为实现目标会做出哪些努力，虽然这一过程可能并不会遵循一定的自然法则，但人生的目标本来就是会一直变化的。相反，如果一个人的人生目标始终不变，那么他走出的每一步将非常明确，就像遵循了某种自然法则一样。如果说人类世界存在一种法则，那么也必定是人为形成的法则。如果有人认为他能很明确地说出人生的法则，那么他不过是被表象所欺骗，因为一旦他认为自然与环境是确定不变的，他就不可能是正确的。如果一个画家在作画时，每一笔都会产生一个必然的结果，而他的画作也可以完全地展现他自己的人生目标，就好像有一种自然法则存在其中，那么这个画家还有必要画这幅画吗？

自然界与人类社会的不同之处在于对"自由"的理解。如今人们通常认为自己是不自由的，的确，当我们将自己与某个确定的人生目标绑在一起时，我们会感觉到被束缚。人类在宇宙、动物界和社会关系中的身份与地位也决定了人类必须遵循一定的法则，以实现人生的目标。但是，当一个人否认了他在社会中的关系，拒绝适应这样的生活时，这些看似成立的法则将被全部推翻，并且他会重新建立起一个适应其目标的新法则。同样地，一个群体的法则对想要摆脱这个群体的人来说也是不适用的。因此，我们认为只有当个体的目标适应其发展时，个体才会为了实现自己的目标付出必要的努力。

另一方面，我们也可以从一个人当前进行的活动中推测他的人生目标。这对个体来说十分重要，因为几乎没有人能确切地知道自己的人生目标是什么，但是这对于理解人性又是必不可少的。当然，个体的一种行为可能有不同的含义，我们无法从一种行为推测其背后的目标；但是，我们可以通过分析、比较个体的多种行为，用图示的方法表示出来，在图示中用点和线将个体的不同行为关联起来，并在其中标注出时间变化。运用这种方法更有利于我们获得对生命的整体认知。下面将通过一个例子讲述我们是如何将一个成人的行为模式与其童年时期的行为模式对应起来，并且发现二者之间惊人的相似性的。

有一位三十岁的男性，因抑郁而找心理医生咨询。在前三十年的生活中，他经历过一些困难，也获得了一定的成功和荣誉，但是他现在丧失了工作和生活的动力。他即将订婚，但是却对未来陷入了深深的怀疑。他的嫉妒心很强，还向心理咨询师抱怨了很多关于他的未婚妻的事情，但是他的说辞并不会让人觉得问题出现在他的未婚妻身上，反而让人怀疑是他自己的问题。他和很多想要接近他人的男性一样，认为自己很有吸引力，但是一旦真正接近了，反而会表现出激进的态度，于是破坏了彼此之间的关系。

下面让我们根据上文提到的方法，选择他童年生活中的一件典型事件，并与他当前的生活态度关联起来，画出这位男性的生活风格图。通常的做法是让来访者回忆一件自己童年的事情，但是我们无法准确地验证他回忆的这件事情是否真实。这位男性回忆的关于童年的一件事情是：有一次，他的妈妈带着他和弟弟一起去超市，由于当时的环境非常拥挤混乱，他的妈妈只能把他抱在怀里，但是当妈妈注意到应该抱他的弟弟时，他被放了下来，只能在拥挤的人群中跟着妈妈。当时他只有四岁，这件事给他造成了很大的困扰。根据他的回忆，我们可以发现一些与他现在抱怨的事情相类似的地方：他无法确定自己是被宠爱的人，更无法忍受其他人夺走他得到的宠爱。

童年时期的环境对孩子的影响，以及成年后人们对童年的印象往往塑造了人类行为的目标，所以说，一个人的人生目标可能在他生命的最初几个月就已经被确定。也许你难以想象当自己还是婴儿时人生的基调就已经被确定。在这个"地基"之上，我们不断地成长，逐渐建立起它的"上部结构"，并随着人生阶段的变化不断地修改所建立的上部结构。在多种影响之下，孩子很快就会形成自己的人生态度以及处理问题时独特的反应方式。

有些研究者认为成人的人格特征在婴儿期就有所体现，这种观点并不能说是错误的，他们所支持的是人格由遗传决定的观点。但显然这种观点对教育来说是不利的，这不但会阻碍教育工作，而且会挫伤教育者的信心。认为人格是由遗传决定的观点之所以盛行，不过是因为这种观点对很多教育者来说是可以用来逃避责任的，即将学生的失败归因于遗传。这显然与教育的目的相悖。

我们的文化对人生目标的实现有着重要影响。文化使孩子意识到，如果想要实现自己的愿望，想要获得安全感和对生活的适应，就必须经历挫折，并且可以让孩子在很小时就知道自己需要多少安全感。但是这种安全感并不是针对"危险"而言的，而是更深层次的、可以保证人类在最适宜的情境下持续生存的一种安全系数，类似于保证机器可以正常运转的安全系数。对孩子来说，这一安全系数不但要能满足本能的需要和发展的需要，而且孩子需要不断地培养自己的优势，采取新的方法提高自己的安全系数。在这一点上，孩子与成人类似，他们追求优越，希望能够超越自己的竞争对手，保证自己能够适应环境以及获得足够的安全感。但是，并不是所有希望都能如愿。随着时间的流逝，人生中的动荡与不安会越来越多，在世界需要孩子给予一定的反馈时，孩子若不相信自己有能力克服困难，那么他将会陷入自卑和逃避的情绪之中，并且只会更加渴望获得成功与荣誉。

在这种情况下，眼前的目标往往成为我们逃避更大困难的借口，使我们想要暂时逃离生活的不易。我们应该清楚，问题的解决永远都不会是一劳永逸的，任何方法都只能解决部分问题，并且只能是暂时有效的。尤其对孩子的发展来说，他们在成长过程中形成的人生目标往往都只是暂时性的，我们不能用成人的标准去衡量孩子。我们必须帮助他们看到更远的未来，面对他们所设立的并为之奋斗的人生目标，我们需要保持怀疑。如果我们想要真正地了解孩子，了解他们的人生目标，我们必须了解每类孩子的特性，学会以他们的视角去思考问题。比如，乐观的孩子相信自己能够轻松地解决遇到的各种问题，可以在自己的能力范围内有不同的人生体验，他们勇敢、开放、坦率、勤奋、有担当。相反，当悲观的孩子不相信自己能够解决问题时，他们又会为自己设立怎样的人生目标呢？世界对他们来说是令人沮丧的，他们胆怯、内省、怀疑自己，不断寻求自我保护。悲观的孩子的人生目标也许能超越自己可以达到的界限，但是相比于别人斗志昂扬的人生，他们的人生目标是远远落后的。

第二章

人的社会属性

如果你想要了解一个人的内心想法，那么你必须先了解他与其他人之间的关系。人与人的关系一方面由人的自然属性决定，可以有所变化；而另一方面由某种固定的机制决定，比如，政党或国家的政治体制。社会关系是人际关系的重要方面，如果不了解人与人之间的社会关系，我们将无法真正地理解人性。

绝对真理

人类的不自由很大程度上是因为我们需要解决不断出现的问题，这些问题限制了我们的行为，而这些问题本身与我们的群体生活密不可分。群体会影响个人，但是个人很难反过来影响群体。群体生活会牵扯到很多人的利益，群体的形态又总是处于不断地变化之中，使我们很难预测群体最终的存在形态。群体关系的大网将我们笼罩其中，很多关于人性的问题在群体中都变得模糊起来。

如何解决这一问题？唯一的办法就是假设群体的存在是一种永恒的绝对真理。只有这样，我们才有可能解决由群体形态的不确定和人类能力的有限所带来的问题与困扰。

经济基础决定上层建筑。经济基础是指人们的生活方式，而上层建筑则是人们的思想和行为。我们对于"人类共同生活"和"绝对真理"的构想在一定程度上与这一观点相一致。根据人类的历史发展特点以及我们对个体生命的观察（即个体心理学）可知，人们有时无法避免地会对经济形势做出错误的反应，这时我们需要做的是面对问题而不是逃避问题，因为逃避问题只会使我们错上加错，陷入某种恶性循环，并且在我们通往绝对真理的路上必然还会遇到无数类似的问题。

群体生活的必要性

人类其实是非常适应群体生活的，就像适应天气的变化一样——我们知道如何抵御寒冷，知道什么时候适宜建造房屋。同时，我们甚至不需要完全理解群体的运作机制，就像宗教，在这些群体中存在着某种被众人承认的宗旨，可以很好地将群体内的成员联合起来。影响人类生存的因素首先是自然环境的制约，其次是社会和群体生活中的法律法规。在人类文明史上，群体生活要远远先于个体生活，我们无法找到任何一种独立于群体之外的生活方式。不仅在人类社会，动物世界同样如此，对那些无法通过一己之力保护自己的物种来说，它们必须通过群体生活积聚力量，确保自己能够生存下去。

人类同样具有动物的这种本能，但是与动物不同的是，人类具有一种强大的抵御环境威胁的武器，那就是灵魂。人的灵魂本质上与群体生活关系密切。达尔文在很早之前就提出：尚未发现适宜独立生活的弱小的动物。人类在某种程度上也是这些弱小动物中的一种，我们并没有强大到可以独自生存，如果不借助各种工具，人类对于自然的抵抗能力是微乎其微的。你可以想象，如果一个没有任何工具的人在原始森林中独自生活，他没有其他动物的速度与力量，没有锋利的牙齿、敏锐的听觉，也没有极佳的视力，他根本无法在关乎生存的战斗中战胜其他动物。人类必须依靠各种各样的工具和手段才有可能确保自己生存下去，并且保证一定的营养供给和生活条件。

可见，人类必须依赖于外界的有利条件，才有可能维持自己的生存，社会生活对人类来说是必需的。人类只有通过群体生活和劳动分工，使自己归属于某一群体，才可能生存下去。劳动分工（本质上就是一种文明）本身就是人类获得对事物所有权的一种手段，只有学会分工，人类才能学会如何维持自己的生存。人类的生存考验从分娩的那一刻起就已经开始。从一个人诞生的那天起，他需要在各种照顾和保护中才可能存活，而这一切都离不开社会的分工。在孩子长大的过程中，尤其在婴儿期，面对各种疾病的威胁，他们不得不需要他人的照顾。所以我们必须意识到社会生活的必要性，群体生活正是对人类生存的最好保障。

安全与适应

依照前文所述，人类在自然界中并不算是优势物种，在人类的集体意识中自卑和不安全感一直存在，但这也反过来激励着人类不断去发现更有效的方法适应自然，以弱化人类天生的劣势。最终人类发展出强大的心理功能，这在一定程度上改善了人类的安危和适应问题。毕竟想要在人类身上增加一些其他的像犄角、爪子或牙齿一样的防御器官是很难实现的，而心理功能则较为容易改变，并且也能够相对有效地抵御自然环境的威胁。随着心理功能的发展，人类可以从挫折中学会预测和预防可能出现的问题，具备指导人类思考、感受和行为的能力。除此之外，群体生活对于人类的适应也有着重要影响，所以人类心理的发展必然要从群体生活开始，并以群体生活的逻辑作为心理功能发展的重要原则。

群体生活的逻辑具有普遍的适用性，而通常只有普遍适用的才是合逻辑的。群体生活中的另一个重要工具是语言，这也是人类与其他动物的区别所在。语言的形式可以进一步表明人类与社会的关联。比如，在一个人独处的时候，语言是完全用不到的；只有当很多人在一起时，语言才是一种必要的交流方式。语言是群体生活的产物，是连接群体成员的纽带。为了证明以上观点，我们以那些在成长过程中很难或无法与他人接触的人为例，这些人可能出于个人选择或者被迫的原因在童年时期切断了与人类社会的联系，致使他们丧失了语言能力，即使长大后重新与社会建立联系，他们也很难再学会说话，甚至完全不具有学习语言的能力。所以，语言能力的掌握必须建立在与他人保持联系的基础之上。

在人类社会的发展过程中，语言有着无比重要的价值。只有当语言存在时，我们才有可能具有逻辑思维，才有可能创立概念、理解不同价值观之间的差异，这些概念不是某个人的事情，而是关乎整个社会的发展的。根据普遍适用性的原则，只有当我们认为某些思想和情绪可以普遍适用时，这些思想和情绪才有意义。比如，在欣赏美好事物的时候，只有当我们对"美好"的认知、理解和感受可以在人们之间普遍适用时，我们才能感受到这一美好事物带来的喜悦。因此，像理性、逻辑、伦理和美学等思想与概念，它们都起源于人类的社会生活，并且作为人与人之间交流的纽带，它们的最终目的是防止人类文明的瓦解。

除此之外，欲望和意志也能帮助我们更好地了解人性。当个体出现某种不适感时，意志可以帮助人们找到适应的方法。欲望或者说是意志驱动着人们做出某些行为，帮助人们摆脱不适感，寻找并达到一种令自己满意的状态。

社会意识

　　社会中的任何规则其实都是为了保障人类的生存，例如，法律、图腾、迷信或教育，而对社会生活中这些规则的适应是人类心理发展的重要功能。我们把公平和正义作为人类品格中最有价值的品格，不过是因为它们符合了社会生活的某些必要条件而已。这些条件塑造了人类并指导着人类的行为，责任、忠诚、坦率、热爱真理等都是社会生活中普遍适用的准则，我们可以依据社会的这些标准来评判一个人是好人还是坏人。就像科学、政治或艺术中的成就一样，人格的标准也只有在被证明可以普遍适用时才有价值。通常，我们依据一个人为人类所做出的贡献来衡量这个人的价值，或者将他与某个理想对象相比较，比如，一个为社会解决很多问题和困难的人或者一个具有极高社会意识的人。所以，只有当我们足够了解社会中的其他人，了解被我们拿来与之比较的理想对象时，我们才能获得更好的成长与更快的发展。

第三章

儿童与社会

社会需要人们履行义务，并且这些义务会影响到人们的生活方式和心理发展。人类与社会的关系好比两性之间的关系，不过人类与社会并不是孤立的男性和女性，而是像丈夫与妻子。丈夫需要满足妻子的安全需要、基本的生活需要，并努力地为她创造幸福，而社会赋予每个人的义务就是确保人类社会的延续，就像丈夫之于妻子。当看到一个孩子的发展非常缓慢时，我们会意识到如果不采取某些措施保护他们，人类的进化过程很可能会就此终止。生命的存在需要分工，但分工并不是为了将人类分离，而是进一步加强人们之间的联结。

邻里之间互帮互助，同胞之间手足相连，人与人的关系都是从这些点滴之处发展而来的，而这些关系的建立通通需要我们从生命诞生之初谈起。

婴儿的处境

每个孩子都需要依靠群体的帮助才能生存，在得到帮助的同时，社会对他们也有所期待，希望他们能够适应环境并对生命感到满足。但是，成长的过程必然充满坎坷，克服困难的过程也必定伤痕累累。孩子在很小的时候就会发现成人似乎能够更好地满足自己的欲望，更能随心所欲地生活。此时孩子的心理已经开始发育，他们通过不断地整合使心理功能逐渐完善，并为日后的正常生活做好准备。在周围环境的影响之下，孩子的身体和心理逐渐成熟起来，学着通过内在需要的满足减少心理冲突。随着年龄的增长，孩子开始格外重视地位和名望的作用，他们渴望自己也能拥有权力命令他人，让他人服从自己。因此，孩子开始渴望成长，渴望超越其他人，甚至将生命的首要目标设定为能够掌控自己身边的人。他们也知道大人表现得像自己的"下属"，只是因为自己的弱小使大人必须对自己负有法律责任。拥有以上意识的孩子通常有两种不同的行为倾向，一种是采取与成人类似的方法，学着控制他人；另一种是承认自己的弱小，让成人来帮助自己。

每个人的人格类型在早期就已经形成。一些孩子会选择不断地获取力量，展现自己的勇气，得到他人的称赞。而另一些孩子则会怀疑自己的能力，并通过各种方法来验证自己的判断。回想我们对不同孩子的态度以及和他们的关系会发现，只有一部分孩子可以适应群体，适应和其他人的相处。但是，当我们了解了每一种人格特征与环境的关系时，我们就会发现，每一种类型的人都有其存在的意义，并且环境会通过孩子的行为反馈给我们关于这一问题的答案。

教育的前提在于孩子愿意努力地弥补自己的不足，因为不足可以激发孩子的天赋与才能。但是，现在每个孩子的处境都非常不同。比如，某些环境对孩子的发展非常不利，而这种不利的处境会让孩子认为整个世界都是他的敌人，这种印象一旦形成，会在孩子不成熟的思想中被不断地加工。如果教育没有及时地纠正孩子的这种错误想法，那么很有可能在多年以后他就会真的把世界当作自己的敌人，并且这种印象会在他日后遇到挫折和困难时被不断加深。尤其是对那些因身体器官问题导致的器质性自卑的孩子来说，他们可能会因为运动能力不足、某些生理缺陷或者整体的抵抗力低下而频繁地生病，这可能最终导致他们在面对世界和环境时与那些正常孩子的态度完全不同。

　　身体缺陷当然不是孩子在面对世界时感觉困扰的唯一原因，当环境向一个孩子提出不合理的要求（或者提出要求的方式不恰当）时，其所带来的困难完全不亚于真实环境中的困难。当一个孩子想要适应环境，却发现自己根本找不到适应环境的方法时，比如，他在一个充满了胆怯和悲观的环境中长大，那么这些情绪会很快地侵袭他，使他根本无力反抗周围的环境。

困难的影响

　　每个孩子在成长的过程中都会遭遇各种各样的困难，加之他们的心理功能还未发育成熟，应对困难的方法难免不足，而现实环境又是不断变化的，因此，在某些情况下他们必然会无法应对所出现的问题。对成人来说，当我们发现自己做出了某些错误决定时，我们会尽快地纠正自己的行为，使人生重回正确的轨道。虽然孩子还不具有成熟的解决问题的能力，但是他们也会在解决问题的过程中形成某种固有的行为模式。我们可以根据他们在青春期的表现来确定，并且通过一定的行为模式更好地了解孩子的心理。但是，我们必须清楚，任何人的行为反应均无法仅根据一种行为模式就被定论。

　　孩子在心理发展过程中遇到的困难通常会导致其社会意识发展受阻或扭曲。从困难来源的角度来看，一部分孩子会因物理环境产生心理发展的问题，包括经济条件、社会环境、种族或家庭环境中的某些异常关系；另一部分孩子则会因为身体器官的缺陷导致心理发育迟缓。人类文明的进化过程是以健康和发育成熟的身体器官为基础的，所以对那些在重要器官上存在缺陷的孩子来说，这显然会为他们的生存带来很多问题。

缺乏行走能力、语言能力或大脑发育迟缓都将使这些孩子在发育的某一阶段比其他正常孩子花费更长的时间，并且这些孩子可能会在走路的过程中不断地撞到自己，身体受伤的同时心灵也受到伤害。对他们来说，这个世界似乎并不适合他们生存，他们无法感受到世界的温暖，只能不断地遭受着生活带来的各种各样的困难。当然也有例外的情况存在，如果身体的缺陷并没有给这些孩子的心理留下疤痕，缺陷的痛苦也并没有使他们陷入绝望，那么时间就可以修复一切。

对有身体缺陷的孩子来说，他们很难理解人类社会的某些规则，也会对周围环境给予他们的机会感到怀疑，不相信自己能够获得这些机会，并且他们通常会将自己与人群孤立起来，从而逃避所有出现的问题。他们可以敏锐地感受到生活对他们的敌意，并且会无意识地夸大这些来自生活的不满。生活的苦难远比光明更能引起他们的注意，以至于他们的一生都保持着一副准备战斗的姿态。他们渴望来自他人的关注，会更多地考虑自己而非他人，并将生命中的责任看作麻烦。长此以往，他们对世界的敌意使他们在自己与他人和环境之间形成了巨大的鸿沟，他们小心谨慎地生活，逃离现实与真相，但这只会不断地为他们制造新的困难。

除了环境的影响和个体自身的缺陷，父母对孩子的态度也可能会造成很多问题。如果孩子成长的家庭环境无法让他在很小的时候就感受到爱，那么他以后将很难识别他人的爱，也无法爱他人，甚至可能会逃避所有的爱与被爱。同样地，如果父母、老师或其他的成人告诉孩子一些"道理"，让他们认为爱是荒谬的、不正确的或者是缺乏男子气概的，这些对于孩子的危害也是难以想象的。这种情况并不少见，尤其对一些经常被嘲笑的孩子来说，这些孩子会非常害怕表达自己的情绪和感受，因为在他们看来，向别人表达爱是非常可笑的。所以，"爱"的能力在一个人很小的时候就已经形成。但是，有时教育的残酷使我们不得不压抑自己的爱，减少和周围环境的联系，以至于我们一点一点地失去了和自己内心的联系。有时候，当一个人可能会很想要与他人建立关系时，他会选择自己的一个朋友，并只与他建立深厚的友谊，因为我们的社会关系通常只针对一个人，而不是很多人。例如，一个男孩因为母亲只关注自己的弟弟而感受到被忽视，那么他可能会用一生来弥补童年时缺失的爱与温暖，而这样的经历可能会使他在生活中遇到很多困难。因此，教育应该"对症下药"，针对每个人的不同问题寻找解决的方法。

并不是说关于爱的教育越多越好，过度的爱与没有爱的教育一样有害，一个被过度宠爱的孩子和一个缺爱的孩子一样存在很多问题。当一个被过度宠爱的孩子长大时，他对于爱的需求也会增加，他会将他人与自己绑在一起，不允许他们与自己分开，缺少与他人之间的边界感。并且这些孩子对于爱的过度渴望还会随着一些错误的经历被不断强化，甚至他们会将出现问题的责任归结于成人。比如，我们经常会在某些家庭中听到父母对孩子说："因为我爱你，所以你必须这样做。"此外，被过度宠爱的孩子还可能通过增加对他人的爱，迫使他人更依赖自己。对孩子来说，溺爱的方式对他们的未来非常不利，他们可能会通过一切正当或不正当的方法来保持他人对自己的爱。比如，将一切与自己争夺爱的人都视为敌人，包括自己的兄弟姐妹；他们甚至会鼓动自己的兄弟去做坏事，以使自己获得父母更多的爱和表扬。为了获得父母的关注，他们会给父母制造很多的问题与压力；他们还会不遗余力地获取父母的关心，让父母意识到自己比其他人更重要。在行为表现上，被过度宠爱的孩子可能是懒惰的孩子，会让父母帮助他们一起解决问题；但是他们也可能是模范的好孩子，从而得到他人更多的关注与赞赏。

所以我们似乎可以得出一个结论：虽然我们的心里想要达到的目标是一样的，但是实现目标的手段却可以是完全不同的。比如，同样是为了得到父母的关心与爱，有些孩子成了小恶魔，有些孩子则成了榜样；为了获得其他人的关注，有些孩子采用任性无礼的方法吸引他人的目光，而有些孩子则通过自己优良的表现达到了同样的目的。

与那些被过度宠爱的孩子类似，另外一些"娇嫩"的孩子则无法选择自己的人生道路。他们的能力被他们的"保护者"一点一点地剥夺，他们没有机会履行自己的责任，在为自己的未来做打算的过程中他们不断地被否定，他们不想要也根本没有能力和其他人建立联系。在人生的旅程中，这些孩子从来没有机会练习如何克服困难，也根本没有准备好如何度过自己的一生。他们就像温室里的花朵，一旦离开家庭的保护，没有人会承担起保护他们的责任，因此他们必然会遭遇各种失败的打击。

以上提到的孩子有一个共同点，那就是他们在成长的过程中或多或少地都感受到了被孤立。比如，肠胃不好的孩子对营养有特殊的要求，因此他们的发育过程与正常的孩子完全不同；身体器官有缺陷的孩子因为独特的生活方式而与正常孩子分隔开。还有一些孩子无法清楚地理解自己与环境的联系，主动从环境中逃离，他们没有志同道合的朋友，无法融入或者鄙视小伙伴们的游戏，只沉浸在自己的游戏中。还有那些被教育压制的孩子也会感觉到自己被孤立。生活对这些被孤立的孩子来说显然是不太美好的，这些孩子对于苦难的态度要么是一味地容忍，默默地承受悲伤；要么是充满敌意地与生活不停地进行抗争。对这些孩子来说，生活的苦难让他们更在意和保护自己的个人边界，以免再次受损。在他们的眼中，世界是不友好的，他们小心翼翼地躲避着困难，更没有勇气使自己暴露在任何可能存在的危险之中。

除此之外，这些孩子的另一个共同点是，他们社会意识的发展存在缺陷，也就是他们更多地只考虑自己而非他人。因此，他们眼中的世界是阴暗的，除非他们意识到自己的问题，否则不可能真正地获得幸福。

人是社会动物

前文已经花费了很大的篇幅去讲述，我们对于个体的了解必须建立在某种情境之下，依据特定的情境才能判断一个人的人格特征。这一情境可以建立在宇宙的大背景下，包括个体对环境的态度、对生命的疑惑，比如，考虑住在哪儿、接触的事物以及与哪些人成为朋友等，这些都是与人类存在有关的内在本能。一个人出生几个月之后就可能决定他与自己一生的关系，婴儿早期所形成的人生态度足以影响人的一生。所以，即使两个婴儿再相似，我们也不会在他们出生几个月之后再把他们混淆，因为他们每个人都已经形成了自己特有的行为模式，并且很难再改变。随着孩子的长大，社会关系将逐渐影响他的心理发展。在对爱的早期研究中，婴儿会主动寻求与成人亲近，这在一定程度上说明社会意识是一种天生的能力。对孩子来说，"爱"的对象总是指向他人，而不是弗洛伊德所认为的孩子的爱总是指向自己，也并非他所强调的孩子之间的差异总是体现在对性的渴望和表现形式上。在孩子两岁之后，随着语言能力的发育程度不同，除了一些患有心理疾病的孩子，其他孩子的社会意识都将显著提升。社会意识贯穿于人的一生，在某些情况下它可能会发生变化或受到限制，还有可能会不断地增加，直至扩展到他的家庭、族群、国家、整个人类，甚至可能会超越某种界限，将这种社会意识赋予动物、植物、无生命的物体，直至整个宇宙。作为我们研究的重要结论，只有充分理解"人类是一种社会性存在"，我们才能更好地理解人类行为。

宇宙的构造

　　为了更好地适应环境，人类发展出应对外界环境的心理机制，由于每个人对世界的理解不同，因而内心所追求的目标也各不相同，而这又往往与我们童年时期的行为模式有关。虽然在探索宇宙和世界的过程中必然存在很多我们无法解决的问题，甚至我们连自己的人生目标都不曾明确，但是它对我们来说就像一座永远矗立在前方的灯塔，指引着我们不断完善自己。正如我们所知道的，身体的运动需要向着一个目标进发，那么心理的发展也需要有目标的指引。人们目标的建立并不是固定不变的，通过改变目标，我们可以更好地改变自己，实现某种程度上的行动自由，而自由对于每个人精神生活与内心世界的意义不言而喻。

　　想象一个孩子第一次站起来，那时他将进入一个全新的世界。在一个孩子第一次抬起腿学走路，尝试行动的过程中，他可能会经历各种各样的困难，这些困难既可能让他对未来充满希望，也可能让他对未来丧失信心。孩子成长过程中的某些经历也许对成人来说微不足道或者不值一提，但是却可能对孩子的心灵产生巨大的影响，甚至塑造了他整个一生对于世界的印象。比如，如果我们问那些行动不便的孩子最喜欢的游戏是什么，或者长大以后想做什么，他们的回答往往是想成为汽车驾驶员或者火车司机，这样他们就可以战胜那些妨碍他们自由行动的困难，而当他们能够自由行动时，他们内心的自卑感将会消失。因此，人类的自卑感往往是在孩子成长过程中慢慢形成的，并且可能与所患的疾病有关。比如，眼睛有缺陷的孩子会努力将世界用视觉图景描绘出来；听觉有缺陷的孩子往往对某些能让他们感到愉快的音符感兴趣，甚至最终会成为一个"音乐家"。

人类在适应环境的过程中发育出了很多功能不同的器官，其中在决定人与世界的关系时，最为重要的是感觉器官。感觉器官可以帮助我们描绘出整个宇宙的景象，而在所有感觉器官中，眼睛通常是更为重要的，它可以让我们注意到环境中的每一个人和事物，并从中获取主要信息，从而帮助我们更好地与环境融为一体。相比耳朵、鼻子、舌头和皮肤等其他感觉器官，眼睛所提供的视觉信息对我们的意义是无可比拟的，因为眼睛可以看到长久的、持续存在的信息，而其他感觉器官只能注意到一些短暂的刺激。但是也有很多人以其他的感觉器官为主导器官。比如，以耳朵作为主导器官的人主要依靠听觉信息了解世界。但是很少有人以运动器官作为主导器官。此外，也有人以嗅觉或味觉作为主导器官，但人类的嗅觉相比于其他动物仍处于相对劣势的地位。另外，很多孩子的肌肉系统占据主导地位。肌肉系统发达的孩子往往焦躁不安，活泼好动，长大后他们也比其他人更喜欢运动，并且对力量型运动更感兴趣，甚至在睡觉时也会比常人翻动更多。一些成人通常会误认为这些肌肉系统发达的孩子是多动的、有问题的。总而言之，每个人都会有一个或多个主导器官，可能是感觉器官也可能是运动器官，我们会用自己最为敏感的器官去接触并理解我们生活的世界。如果我们想要更好地了解他人，就需要从了解他的主导器官开始。

决定我们如何理解世界的要素

决定人类所有行为的是存在于这些行为背后的不变的目标，这一目标影响着我们内心的选择，也塑造了我们对于宇宙的理解。我们每个人的生活，我们所经历的每一件事，甚至我们所认知的世界都是独特的、与众不同的，每个人只会在意那些与自己的人生目标相符的事情。因此，如果我们不了解一个人内心真正的目标是什么，就不可能真正地了解或评价他的行为。

A. 知觉

人类通过感觉器官将来自外界的刺激传递给大脑，在这一过程中，某些未经转化的痕迹可能会残留在大脑中，并激发起个体对世界的想象和记忆。但是知觉并不是简单地将外界环境中的图像拍摄下来，然后传递给大脑，一个人在感知世界的过程中往往会加入自己特有的、具有个人特质的对世界的理解。一个人不会感知到他所看到的一切，因此我们会发现，没有两个人会对同一幅画产生完全相同的理解。孩子对于环境的感知与他先前已经发展出来的行为模式相适应，对视觉发达的孩子来说，他们主要依靠视觉信息感知世界。并且大多数人都是以视觉为主导的，其他视觉不敏感的人则更多以听觉信息来感知世界。我们所感知到的信息与现实并不完全一致，每个人都可以将来自外界的信息重新组合使其适应自己的行为模式，而每个人独特的个性和行为模式正是由他所感知到的信息与他的感知方式所决定。因此，知觉从来不是一种简单的物理现象，知觉具有一定的心理适应性，能够帮助我们更好地了解自己内心深处的想法。

B. 记忆

在知觉的基础上，人类心理的发展与其所经历的活动密切相关。从出生开始，心理的发展就与机体的运动有关，而运动的目标往往决定了个体的经历。在成长过程中，每个人都需要处理自己与世界的关系并应对环境中的各种挑战，心理作为一种适应性的活动，必须建立起一定的防御机制以确保人类能够生存下去。

在面对生活中的问题时，每个人都会有不同的应对方法，而这些不同的反应最终将塑造个人独特的人生轨迹。为了适应环境，记忆和对已经历事件的评价对于人类有着无比重要的意义。如果没有记忆，人类不可能对未来发生的任何事情做出预测。我们有时会根据记忆做出一些无意识的推断，并且根据这些推断去鼓励或者警告他人做或不做某些事情。由于每个人的记忆都与自己的人生目标相一致，我们不必知道为什么一个人记住了某些事情却忘记了另外一些事情，因为任何记忆都是有意义的，它们对于人的心理发展都有着重要的作用，并推动着我们向着自己的目标不断前进。与知觉一样，我们不会记得那些不符合人生目标的事情，记忆的内容最终必将有利于个人的适应和生存，并且每段记忆都会受到每个人人格特质的影响。从童年时期开始，很多被保留下来的记忆也许是错误的，也许是带有偏差的，但只要这些记忆对于我们人生目标的实现是有帮助的，那么这些记忆不仅会被保留下来，甚至可能被扩展到意识之外，成为一种态度，一种情绪，甚至一种人生观念。

C. 想象

幻想和想象是展现一个人个性的最佳方式。想象其实是知觉的复制品，只不过它在复制的过程中不需要有任何实际物体的出现。换句话说，想象就是再现的知觉，是一个人内心创造力的体现。但是，想象又不仅仅是知觉的简单复制，而是在知觉的基础上进行全新而独特的建构，就像知觉建立在感觉的基础上一样。

幻想与想象之间还存在着细微的差别，幻想比想象更为清晰且强烈，幻想的意义往往超越了想象的具体内容本身，幻想甚至可以使原本不存在的刺激物如真实存在一般，对个体的行为产生重要的影响。所以当一些原本不存在的事物却在个体幻想中真实出现时，人就会产生幻觉，而幻觉与"白日梦"类似，是我们内心的艺术创造，根据每个人不同的个性而有所差异。下面让我们从一个年轻女子的例子中来更好地理解幻觉。

一个聪明的年轻女子违背了父母的意愿结婚了，她的父母非常生气，甚至和她断绝了所有联系。日子一天天过去，为了维护自己的尊严，年轻女子与她的父母都固执地不愿和对方和解，年轻女子也越来越确信她的父母不爱自己。尽管婚姻使这名年轻女子的生活从原本的富足逐渐沦落为贫穷，但是没有人能看出她的婚姻生活是不幸福的。如果不是她的生活中发生了一件奇怪的事情，也许她将逐渐适应这样的生活。

这名年轻女子是她父亲最喜欢的孩子，但是却因为这场违背父母意愿的婚姻使父女关系恶化。他们之间的裂痕已经非常深，甚至当女子生孩子时，她的父母也没有去看望她和她的孩子。但是父母的这些"残忍"行为反而激发了她的斗志，她希望重新得到父母原本应该给予她的关心与照顾。

我们都知道心情有时会受到信念的影响，正是因为这名女子所具有的这种人格特点才会使她与父母之间的裂痕对她造成了巨大的影响。她的母亲虽然很严厉，但是她本身是一个坚毅正直、具有很多优良品质的女性，她能兼顾家庭与事业。此外，这个家庭里还有一个儿子，儿子在传统意义上通常被认为是家族的延续，家族的继承人，所以某种程度上儿子要比这名年轻女子在家庭中的地位更高。这些都进一步激发了这名女子的好胜心，婚姻更促使了这名从小在父母庇护中长大的女子开始不断思考父母是如何对待她的。

一天晚上她正要入睡，房门突然被打开，圣母玛利亚走到她的床边跟她说："我非常爱你，所以我必须告诉你，你将在十二月中旬死去，我希望你有所准备。"

这名年轻女子并没有被这一幻影吓倒，她叫醒了丈夫并告诉了他刚刚发生的事情。第二天她去看了医生，医生说这是她的幻觉，但是这名女子坚持认为自己看到和听到的一切都是真实的。虽然这一切看起来不太可能发生在现实生活中，但是运用我们前文所讲述的理论就可以很好地做出解释：这名年轻女子好胜心强，总想要控制其他人，她又和父母断绝了联系，并且使自己陷入了贫穷的境地。当一个人想要征服周围的一切时，他非常有可能会感觉到神的出现并且发现神在与自己交谈。正如医生所说，那只是幻觉，但是显然这名年轻女子并不这么认为。

当我们了解人的心理为了适应生存可以编造出各种"诡计"时，就会发现这种现象根本不奇怪。每个人都会做梦，只不过这名年轻女子是在清醒的时候做梦。当她梦到另一个母亲，并且是人们所谓的最伟大的母亲来找她时，她就会对两个母亲进行比较，正是因为自己的母亲不会出现，上帝的母亲才会出现，这一幻觉其实是她对自己的母亲不够爱自己的指控。

这名年轻女子正在寻找各种方式来证明自己的父母是错的。十二月中旬这个时间不同寻常，因为每到这时，人们会更期待自己能与他人建立亲密的关系，大部分人都会给予彼此温暖，互送礼物。因此，对这名女子来说这个时间是与父母和解的最佳时间。

在这名女子的幻觉中有一件让人匪夷所思的事情，圣母玛利亚用非常友好的方式告诉了这名女子她即将死去的消息，并且她在对丈夫讲述这件事情时也是非常愉快的。这件事情很快被她的家人和心理医生知道了，原因很简单，因为她的母亲去看过她。

几天之后，圣母玛利亚再次出现在这名女子的幻觉里，并且和她说了同样的话。当被问到和母亲会面结果如何时，她说母亲并没有承认自己的错误。由此可以看出，她想要控制母亲的欲望再次没有得到满足。

尽管在这次会面中父亲和她的关系得到了好转，但是她对于这样的结果仍然不满意，因为她认为父亲的关心来得太迟了。所以即使这名女子最终得到了自己想要的东西，但她还是想要证明其他人都是错的。即使结果如她所愿，她还是无法感到满足。

正如上文所说，幻觉往往在一个人的心理压力最大或者害怕自己的目标无法实现时出现。在以前，落后地区的人们会更多地出现幻觉，并且对他们有着巨大的影响。

在描写旅客的文学作品中也经常会出现对幻觉的描述。比如，在沙漠中迷失方向、饥渴疲倦缠身的旅人往往会看到海市蜃楼。当生命处于危险之中时，人们只能通过想象一个充满希望的场景支撑着自己逃离当下环境的压迫。海市蜃楼就是一种可以带给人们希望的幻境，它给予疲惫的人力量，使旅人更加坚强；同时它又像是一种致幻剂，可以减少人们被恐惧折磨的痛苦。

幻觉对我们每个人来说都不陌生，它其实与知觉、记忆和想象的过程都是类似的，我们可以将幻觉与做梦等同。当人们在某种危险中受到威胁时，幻觉可以帮助个体减轻无力感，甚至是克服当下的困难。个体所遭遇的心理压力越大，幻觉就越可能冲破束缚而出现，通常在这种情况下，我们会听到内心有声音不断地告诉自己要"尽己所能"，从而使心理能量不断积聚，最终使想象的画面以幻觉的形式表现出来。

错觉与幻觉类似，唯一的不同在于错觉还保留着与外界真实的联系，只不过是对事物产生了错误的解读，就像歌德的小说《魔王》中所写的一样，其实两者在本质上都与心理压力有关。

　　下面我们将通过另外一个例子来说明个体内心的需求如何导致个体产生错觉和幻觉。一个出身不错的男性由于没有受到良好的教育，因此只能做一名薪水很低的小职员。日子一天天过去，他渐渐放弃了升职加薪的想法，除了生活上的压力，朋友之间的比较也给他造成了很大的心理压力。他开始酗酒，借助酒精来麻痹自己，让自己忘记失败。酗酒后的一段时间，他因为酒精中毒出现震颤性谵妄而被送到医院。谵妄与幻觉类似，醉酒者通常会看到有老鼠、昆虫或蛇等一些小动物出现，还有可能出现一些与醉酒者职业有关的幻觉。

　　这名男性被送到医院之后，在医生的帮助下成功戒酒，并且其他问题也全部被治愈，此后他三年之内都没有再碰过酒。但是，三年之后，他又因为新的症状回到医院，他跟医生说自己在工作时总是会看到一个笑眯眯的男子一直盯着自己。他现在从一个小职员变成了一个体力劳动者。有一次这个笑眯眯的男子又在盯着他看，他非常生气地拿起手中的锄头向那个男子扔了过去，他也想试试那到底是一个真人还是一个幻影。结果那个男子躲开了他的锄头，并且反过来攻击他，他感觉自己被重重地打伤了。

　　因为这件事情，他开始相信这并不是自己的幻觉，那个笑眯眯的男子也不是一个幻影。其实自上次出院以来，对酒瘾的摆脱并没有让他的生活变好，反而更糟了。后来他丢掉了原来的工作，还被家人赶了出来，现在他只能做着朋友眼中最下等的临时工的工作。可见，他的心理压力并没有因为戒酒而得到缓解，反而使自己变得更加贫穷。以前他还有个小职员的工作，甚至当家里人责备他一事无成时，他还可以因为自己是个酒鬼而不至于太羞愧。但是现在他只能面对现实，在失败的时候他甚至无法拿酒精作为自己无能的借口。

在巨大的心理压力下，幻觉再次出现。他将自己置身于以前的情境中，像一个酒鬼一样环视世界，他说是酒精毁了自己的一生，导致自己现在什么也做不了，什么事情都决定不了，他宁愿自己是有病的，这样至少还可以维护自己最后的尊严。当这些幻觉持续了很长时间后他不得不再次来到医院。这样他起码还可以安慰自己若不是酒精毁了自己的一生，他本可以做更多的努力，从而维护自己的尊严。尊严对他来说远比工作更重要。他所做的这些努力不过是为了使自己相信，如果不是因为不幸的命运，自己也是可以有所成就的，他需要使自己相信他并不比其他人差。所以，那个他幻想出来的笑眯眯的男子以及所有其他的错觉，不过是他用来维护自尊的一种机制。

幻想

幻想是心灵的另一种创造形式，这种形式与我们上文提到的很多现象都有关，比如，将某些记忆提取到意识层面，或者在想象中搭建一个新的结构。幻想和白日梦更能体现一个人的创造性。幻想的产生需要以预见性为前提，并且需要机体能够灵活自由地运动。对孩子和成人来说，幻想又叫作"白日梦"，幻想的内容总是与未来有关，像"空中楼阁"一样，通过虚构的方式将现实生活搭建于其中。在白日梦里，孩子更多地表达了他们对权力和控制感的渴望，因为大部分幻想的开头都会以类似于"当我长大了"的句子来引出，很多成人也像孩子一样，这说明他们并没有完全长大。

对于权力的渴望说明了每个人的成长都需要一定的目标指引。在我们的文化中，一个人的目标通常需要社会认可。在这样的前提之下，人无法一直保持一个"中性"的目标，因为社会规定了我们需要为了成功而奋斗，因此我们在实现目标的过程中会不断地迎合社会的标准来衡量自己的目标是否走偏。所以，孩子的幻想全然体现了他们对于权力的渴望。

但是我们也不能一概而论，毕竟我们不可能去规定幻想或想象的内容。上文中所提到的一些结论适用于大部分的情况，但是在有些情况下也是不适用的。比如，一些好胜心非常强的孩子，他们可能会幻想自己拥有很多优点，并且会竭尽所能地完善自己，从而在人群中脱颖而出；但是对一些竞争力不强或者生活并不那么幸运的孩子来说，他们的幻想能力可能会更强，幻想内容会更丰富，因为他们需要通过幻想来完成许多自己做不到的事情。有时想象可以帮助我们逃避现实生活，在幻想里我们还可以谴责现实的残酷与不公。尤其对那些渴望权力的人来说，幻想和想象可以帮助他们在平淡的生活之外实现自己的很多想法。

社会意识以及对权力的渴望在幻想的过程中都发挥着重要的作用。在孩子的幻想里，他们对于权力的渴望往往寄托于一定的社会性目的。比如，有的孩子会将自己想象成救世主或一名骑士，幻想自己可以打败任何邪恶势力。有的孩子还会经常幻想自己并不是父母亲生的。很多孩子都曾幻想过自己并不属于现在的家庭，有一天自己的亲生父母或者某位重要的亲人会来找他并把他带走。尤其是对那些极度自卑、遭受过很多苦难或者对自己的家庭非常不满意的孩子来说，他们会更经常地幻想以上的场景。所以有些孩子只是表面看上去长大了，其实他们内心的想法并没有真正长大。再比如，我们有时会听到有些孩子有一些近乎病态的幻想，有的男孩幻想自己像男人一样戴着一顶高高的帽子，抽着雪茄，而有的女孩幻想自己变成了男人，甚至把自己打扮成一个男孩。

还有一些孩子被误认为是没有想象力的，他们要么不表达自己，要么竭力地阻止幻想的出现。他们之所以会这么做，一部分原因可能是他们在制止想象出现的过程中也可以体验到一定的权力感；还有可能是在他们想要努力适应现实的过程中，发现喜欢幻想的人看起来不够成熟，因此他们拒绝幻想。正是这些原因使一部分孩子看起来缺乏想象力。

梦：一般意义上的梦

除了上文所提到的白日梦，还有一种更常见并且对我们来说更重要的梦，就是在睡觉时做的"睡梦"。通常，无论是白日梦还是睡梦，它们的发生过程都是类似的，就像以前的心理学家所认为的，梦是一个人个性特点的体现。从有历史记载以来，梦对于人类思想就有着巨大的影响。当我们有着较高的安全需要时，我们的梦中就会出现与个体生存安全有关的内容。白日梦与睡梦的一个明显区别在于，白日梦更容易被理解，而睡梦不仅难以理解，而且通常会被认为是多余的、不重要的。不可否认，梦对于个体具有重要的暗示和启发作用，对想要获得权力的人来说，他很可能会梦到自己通过努力克服困难并且取得了一定的成功。

共情与认同

人的内心不仅能够感知已发生的事情，也可以预测未来将要发生的事情，这种能力对需要不断迁徙的人类来说十分重要，可以帮助我们更好地调整身心并适应环境。人类在这方面所具有的较为突出的能力，对人们的生活有着广泛而普遍的意义，这种能力又被叫作认同或共情。当我们必须对未来某种特定情境中所发生的事情进行一定的预测和预判时，就需要依据我们的思想、感觉和知觉来判断，而认同与共情就是在为这种预测提供基础，并且可以帮助我们更好地应对未来的新环境，避免很多意外情况的发生。

共情无处不在，只要一个人与另一个人说话，共情就已经发生。如果我们在和其他人交流的过程中，没有与对方产生共鸣，那么我们是无法理解对方的。戏剧表演正是共情的一种艺术表现形式。在日常生活中，共情更是无处不在。比如，当一个人看到其他人处于危险中时，他就会产生一种焦虑感，即使他自己并没有危险，也可能会不由自主地采取一些防卫措施。再比如，当杯子掉落时，我们会立马想要去接住；当我们打保龄球时，我们会认为自己身体的动作也可以影响球的运动；当我们在看台上观看足球比赛时，我们会向着自己支持的球队做出推进的手势，向对手球队做出阻挠的手势；当有人在洗刷大楼的玻璃时，我们不会不跟对方打招呼就急匆匆地走进去，让他们暂时停下来；当一名演讲者在演讲时突然忘记自己要说什么时，台下的观众也会因此感到很揪心；当在剧院观看表演时，我们一定会将自己想象成台上的演员，并且把自己代入每一个不同的角色中。由此可见，认同与共情的能力对每个人来说都十分重要，这是一种天生的社会意识，让我们感他人所感，让我们与我们所生活的世界相连，而这正是我们之所以为人的重要特点之一。

与社会意识一样，每个人的共情能力也有所差别，在童年时期这一差异尤为明显，有些孩子更关注自己的穿衣打扮，而另一些孩子则更关注自己的内心想法。当个体过多地将本应该放在人际关系的注意力放到了一些价值和意义都不大的事情上时，他的成长与发展很可能受到阻碍。没有人是完全没有社会意识的，即使是那些虐待动物的孩子，他们仍然具有认同其他生物的共情能力，只不过他们的共情能力较低，迫使他们更少地关注人际关系，而把注意力更多地放在了一些价值较低的事情上。比如，有一些缺乏共情能力的人，他们只考虑自己，对其他人的喜怒哀乐毫不在乎，他们无法认同其他人，甚至拒绝与其他人合作。

催眠与暗示

一个人如何影响另一个人的行为？个体心理学认为对这一问题的回答恰好体现了我们的心理活动。如果一个人不能对其他人产生影响，那么社会关系就不复存在。老师与学生、父母与孩子、丈夫与妻子，这些都是在个体的相互影响下形成的社会关系。同时，社会意识也会对我们想要在多大程度上受到环境的影响发挥作用，而这种被影响的意愿还取决于影响方对被影响方权力的大小。当一个人感觉自己的权利得到保障时，他会对其他人造成很大的影响，但是这种影响对受影响方来说可能并不持久。尤其在教育中，老师应该意识到学生可以本能地感受到自己与他人和世界是联系在一起的。

如果一个人想要将自己从社会的影响中撤离出来，那么他终将失败。就算他已经提前为这场"撤离"做好准备，这也必将是一场持久的"战争"。在撤离的过程中，他需要一点一点地断开他与世界的联系，使任何一种社会影响都难以改变他的行为，此时他将成为社会意识的敌人。最终他会像影视作品中的反派一样，需要承受着各种想要影响他的势力的打击。

对孩子来说，当他们感觉自己受到环境的压迫时，往往会更容易受到老师和父母的影响。因为当外界压力很大时，人们会缺少对权威性命令的抵抗，但一味地服从必然不利于社会的发展。服从使个体没有自己的想法，他们不会主动地行动，而完全接受其他人的控制，这也就是为什么一些看似听话的孩子长大后却并不适应生活的原因。从长期来看，不断让孩子服从成人命令的做法是非常危险的，一个从小就很听话的孩子，长大后更可能听其他人的话，即使是让他犯罪，他也可能会选择服从。

在犯罪团伙中也可以看到相似的情况。团伙中的"老大"从来不会亲自实施行动，被抓住的大都是那些服从指挥的"鹰爪"们。为了实现自己的"雄心壮志"，有些人服从命令的程度令人难以置信，他们甚至以服从命令为骄傲。

回到日常生活中，我们会发现那些容易受到影响的人往往更相信理性和逻辑，但是他们的社会意识并不会扭曲。而一些想要比其他人更优秀并且渴望控制他人的人很难受到外界的影响。这种例子在日常生活中比比皆是。

通常父母抱怨孩子的原因不是孩子过于听话，而是他们不听话。对这些不听话的孩子来说，他们通常认为自己要优于环境，因此不应该被环境影响，所以教育对他们来说往往也是没有作用的。

人们对于权力的渴望程度与个体的受教育水平很多时候成反比，尽管如此，我们的家庭教育还是非常强调对孩子好胜心的培养，希望把孩子培养成有理想、有抱负的人。我们不应该责怪家庭，因为我们的文化对我们每一个人都有着同样的期待，而家庭不过是受到文化的影响，那就是不断地提醒我们要做得比任何人都优秀，比任何人都出色。在有关"虚荣"一章中我们将着重讲述这种培养好胜心的教育将如何导致孩子难以适应社会生活，如何严重阻碍个体心理的发展。

当一个人想要无条件地服从环境对他的安排时，任何媒介对他的操纵结果都是一样的。催眠就是一种可以在短时间内让一个人听从另一个人的方法。有些人可能会表示自己愿意被催眠，但其实内心并没有做好准备。还有一些人非常抵触被催眠，但是又天生容易被催眠。在催眠中，被催眠者说什么或者想什么都不是关键，唯一能够决定他的行为的就是他的心理态度。现在大众之所以对于催眠有很多误解，其实就是因为他们对催眠的原理并不清楚。接受催眠的大部分人通常在一开始都会努力避免自己受到催眠的影响，但是实际上他想要听从催眠者的命令。而由于每个人在进入催眠的过程中存在较大的个体差异，因此催眠对不同人来说影响也千差万别。在任何情况下，催眠对于个体的影响并不取决于催眠者的意愿，而完全是由被催眠者的心理态度决定的。

在本质上，催眠类似于睡眠，只不过是在其他人的指令下所产生的睡眠，并且催眠中的指令只对那些想要服从它的人才有效。所以真正决定催眠效果的其实是被催眠者。催眠与睡眠也存在很多不同之处。首先，催眠过程中催眠者可以让被催眠者做出任何动作，而这在睡眠时是无法做到的；其次，睡眠内容在醒过来时能被记住的很少，但是在催眠过程中只要是催眠者想要让被催眠者记住的，那么他都可以记住；最后，二者之间最重要的区别在于，批判能力作为人最重要的心理功能，将会在催眠过程中完全瘫痪，被催眠者将完全成为催眠者的一只手或一个器官而已。

部分有权力影响其他人的人都会认为，自己的这种权力是由自己本身所决定的，所以他们可以利用自己的权力和各种手段实现自己邪恶的目的，最终犯下罪行，导致错误的结果。虽然不能以偏概全，认为所有自带影响力的人都会欺骗他人，但是人类已经习惯把自己当作弱者去听从任何有权力的人的领导，习惯了不假任何思索地认同权威。但是这样的做法永远不会给社会带来真正的秩序，只会导致那些被压迫的人们起身反抗。所以，无论是传心术还是催眠都无法长期影响他人，只不过是用来骗取某些被催眠者的钱罢了。

很多情况下，真实与虚假往往交织在一起，被催眠者作为被欺骗的人反过来也可能欺骗催眠者。显然在这其中真正发挥作用的并不是催眠者，而是被催眠者是否想要服从。相比之下，那些理性自主、不盲目听从其他人的人自然是不会被催眠的，也不会受到任何所谓传心术的影响。所以催眠不过是盲目服从的一种表现。

此外，我们还不得不提到另一种可以影响他人的方式——暗示。暗示通常可以分为印象和刺激两种类型。我们每个人时时刻刻都会感受到来自外界环境的各种各样的刺激，这些刺激会给我们留下一定的印象，当这种印象是一种来自他人的要求或请求时，我们将这种他人想要影响自己的方式称为暗示。被暗示的人通常会发生观念上的转变或强化，但由于每个人对外界刺激的反应各不相同，因此每个人受暗示影响的程度也相差很大，它往往与个体的独立性有关。有一种人相对更容易受到暗示或催眠的影响，他们通常十分重视其他人的观点而不相信自己的判断，因此他们更重视他人，更听信他人的意见，更容易受到他人的影响。还有一种人则很难受到刺激或暗示的影响，他们不在乎事实的正确与否，只认为自己的观点是正确的，完全忽视与他人有关的任何事。这两种类型都存在一定的弊端，尤其是第二种类型的人，他们不听取任何人的想法，竞争性强，过于追求独立。

第五章

自卑与认可

童年境遇

童年时期的遭遇都会对每个人成年后的生活态度和人际关系造成不同的影响，被生活厚待的孩子和被生活抛弃的孩子有着完全不一样的人生态度。尤其对有器官缺陷的孩子来说，他们在很小的时候就体验到生活的不易，并且很有可能导致他们的社会意识受损。这些孩子往往沉浸在自己的世界里，他们既在乎自己给别人留下的印象，但是又不想和周围人有过多的交往。对有器官缺陷的人来说，任何来自社会或经济的压力都格外沉重，这些压力甚至会导致他们对世界产生敌意。器官缺陷对于一个人一生的影响在他们很小的时候就可以被确定，在他们两岁左右的时候就会有所表现，如在游戏中他们不敢相信自己能够比其他孩子做得好。长此以往，他们渐渐地被大人们忽视，自己则会越来越焦虑。我们要知道的是，每一个孩子在成长的过程中都会体验到一种自卑感，如果家庭没有充分地培养他们的社会意识，那么他们长大后很可能无法独立地生存。孩子的软弱与无助经常会让我们意识到，每个生命在一开始时都会有着或多或少的自卑感，并且他们迟早会意识到仅凭自己的能力必将无法应对生存的挑战。最终，自卑感将会成为驱使孩子努力的动力，决定着他们未来是否拥有平稳、有保障的人生，决定了他们的人生目标以及实现目标的人生之路。

孩子之所以可以被教育是因为他们具有某些可以被教育所激发的潜

力，但是以下两种情况可能会使教育起不到作用。一种情况是孩子的自卑感被不断地放大，以至于自卑成为孩子无法解决的问题；另一种情况是由于一些孩子不满足于仅仅获得安稳、平静的生活，他们还想要控制环境，掌控周围的其他人。这样的孩子很容易被发现并且被当作"问题"孩子，他们的目标根本无法实现，因此他们总会觉得自己很失败，感觉自己被周围人所忽视，甚至被区别对待。在孩子的成长过程中，有很多因素都可能导致孩子心理出现扭曲，走向错误的发展道路，每个孩子都有可能在某一时期处于这样的状况之中。

　　每个孩子在长大的过程中都会有很多成人的陪伴，而成人的存在会更加凸显他们的弱小，如无法独立生活。即使一些很简单的任务，他们也往往不相信自己能够一点儿不出错地完成。教育中的很多问题都恰恰与此有关。在教育中，老师和父母会要求孩子完成很多超出其能力范围的事情，那时孩子的脸上往往会出现无助的表情，而有些孩子则可以完全意识到自己的渺小与无助。还有一些孩子要么被父母和老师当作洋娃娃一样，被视为需要精心呵护的宝贝，要么被当作无用的物品。父母和老师的这种态度通常会让孩子认为自己所能做的不过是让长辈们高兴或不高兴。父母给孩子造成的自卑感还有可能因为我们的某些文化特征而被加深，比如，我们习惯了不把孩子当回事，这可能会让孩子认为自己是一个没有权利的人，不被重视，在他人面前他必须安静、有礼貌等。

　　很多孩子都是在被嘲笑的恐惧中长大的。嘲笑对于孩子心灵的伤害几乎就像犯罪带来的伤害一样深重。一个人在童年时期遭受嘲笑的经历很可能会是他成年后很多习惯或行为的原因。那些在童年时期经历过嘲笑的人与常人有着明显的不同，他们无法摆脱自己对于再次遭受嘲笑的恐惧。此外，成人不把孩子当回事的另一个表现是经常对孩子撒谎，这不仅会让孩子怀疑自己周围的环境，也会让他质疑生活的真实性。

弥补自卑，渴望认同，实现超越

从人出生的那一刻起，每个人都希望自己成为众人的焦点，获得父母的关注，但是在渴望得到他人认同的过程中，我们又难以避免地会受到自卑的影响。而决定一个人人生目标的正是一个人的自卑感和不安全感，因此实现人生目标的过程不过是一次次战胜周围的环境、超越自卑的过程。

社会意识的存在可以帮助我们更好地选择自己的人生目标，并且我们对于其他人的了解也必须将他的个人目标与社会意识相结合。个体在设立自己的人生目标时通常会考虑两点，即这个目标要么可以实现对自我的超越，要么可以让自己体验到生命的价值。在实现目标的过程中，我们的情感将在其中发挥重要的作用，它会影响我们的想象力、创造力和记忆力，决定我们终将记住或遗忘哪些。最终，由于每个人人生目标的不同，每个人对情感和想象力的认知必然有着自己的判断标准，从而进一步影响个体的行为。

由于我们每个人都无法真正地了解自己的内心，所以我们人为虚构出了人生目标作为指引方向的航标，这就好比子午线，虽然世界上并不存在这样一条线，但是它对我们了解世界不同地区的时间来说非常重要。所以就人的心理而言，虚构一个目标的意义就在于当我们的人生处于矛盾与纠结中时，目标可以提供一个相对的标准，为我们的选择提供依据，它也是我们划分不同感觉与情感的标准。

因此，个体心理学的基本观点认为，想要理解人类的行为，需要同时考虑遗传的因素以及个体对于自己的人生目标的追求。但是经验告诉我们，虽然人生目标是每个人为自己的人生虚构的，但是它其实与事实又十分贴近。所以，对于人的心理发展是否具有目的性的讨论不仅仅是一个哲学假设，还具有非常坚实的事实基础。

随着人类文明的发展，人类社会希望能够遏制人们对权力的渴望，但是这对一个人来说又是非常难的，因为从小时候开始，我们所遇到的困难会不断激发内心对权力的渴望。随着我们长大，我们才能逐渐意识到这其中的问题并想出一些能够改善自己对权力过分渴望的方法。另外，还有一种方法就是在孩子成长的过程中帮助他发展社会意识，从而降低他对权力的渴望程度。

对孩子来说，很多问题的原因在于他们无法公开地表达对于权力的渴望，需要将权力抑制在自己的内心深处。不过适度地抑制的确是必要的，因为如果孩子毫无限制地表达自己想要获得权力的愿望，那么将会阻碍其心理的成长与发展，夸大对安全和能力的追求，把勇敢变成了鲁莽，把服从变成了怯懦，把温柔变成了反叛。所以，如果一个人毫不掩饰地表达自己对权力的渴望也会造成很多问题，当他每天想的只是如何征服这个世界时，那么他所有的情感表达和行为都将变得无比虚伪。

如何将孩子对权力的过分渴望转变成对高尚品德的向往？教育不失为一种好方法。教育可以帮助孩子弥补他们的不安全感，获得生活技能和对生命的理解，同时还可以帮助他们发展出与同伴之间的社会意识，从而帮助孩子在成长的过程中逐渐摆脱自卑感。同时，我们可以通过对孩子人格特征的变化判断其心理发展程度。不过孩子真实体验到的自卑感最终还是受到认知的影响，这使我们很难评定不同孩子的不安全感和自卑感的程度。

对孩子来说，我们无法期望他们在任何时候都能对自己有着正确的认知，即使对成人而言，这样的期望也是无法实现的。孩子在成长的过程中会不断地面临让他们感到自卑的情境，有些孩子能够较好地处理，而有些孩子则因处境非常复杂而难以应对。但是，即使对那些能够意识到自己处于自卑心理的孩子来说，他们对于自卑的感受也是会不断变化的。随着孩子逐渐长大，当能够更好地了解自己时，他才会进一步意识到自己对于自己意味着什么，从而在行为上获得更为统一的表现。到那时，个体的行为规范和自我评估将得到整合统一，自卑感的逐步消除将更好地帮助个体改善和调整自己的人生目标。

针对自卑感的心理补偿机制与生理机制类似。当人的某个器官因功能受损破坏了身体的平衡时，这个器官可能会为了继续维持生存而过度生长，以提供更多的能量。比如，一个人的循环系统出现问题时，他的心脏可能为了给身体提供更多的能量而变得比正常的心脏更大。同样地，当一个人不断承受着自卑的压迫时，当他忍受着弱小和无助的折磨时，他很可能会因过度补偿而产生"自卑情结"。

如果一个孩子在克服自卑的过程中遇到很多困难，以至于他感觉自己可能一生都无法摆脱自卑，这不仅不会使他终止对自卑的补偿，反而会进一步增加他对补偿的需要，产生对优越的过度追求。

当一个人对权力和控制感的需求被过分放大直至达到病态的程度时，他很可能会一味地追求优越，而忽略了与其他人的关系。比如，他可能会极度地追求安全感，没有耐心，易冲动，不考虑其他人的想法。对那些因自卑而达到病态程度的孩子来说，他们为了捍卫自己对控制的渴望，很可能会攻击他人。他们对抗着世界，世界也就不会和他们站在一起。

不过，也不是所有具有自卑情结的人都会表现出病态或异常的行为。

有些自卑的孩子可以通过正常的方式，而不是与世界对抗的方式，表达他们对权力和优越的渴望，甚至可以很好地掩饰他们的自卑。但是当我们仔细分析他们在成功后的表现时就会发现，成功是无法真正满足他们的，因为他们想要获得的成功本身并不适应社会的要求，并且他们会以牺牲其他人作为代价，最终自卑的人往往会出现反社会的表现。

具有自卑情结的人最明显的特征是骄傲虚荣，以及不惜一切代价想要战胜他人。其中，自卑者可能会通过贬低自己身边的人来证明自己比他人强，在这一过程中，他们会不断强调自己与他人之间的差距。自卑者在比较过程中的态度往往会让其他人感到不舒服，并且不正常的比较会让他最终陷入生活的阴暗面，看不到生活的精彩与美好。

在自卑的影响下，孩子沉迷于对权力和优越的追求，使他们想要征服自己周围的环境，而这最终将表现为对日常生活中的任务和责任的抵触与推卸。自卑对于个体的重要影响可以很快使他意识到自己与正常人之间的差异，甚至可能使他逐渐与周围人拉开差距。在人类的进化过程中，无论身体是否存在缺陷，自卑以及其他人格特质的形成肯定与个体遭遇过的各种困难和经历有关。

要想避免曾经经历的各种困难对我们的心理发展造成不良影响，就必须有对人性的正确理解，拥有正确而强大的社会意识。理解人性的过程意味着我们有责任帮助其他人，我们不应该贬低那些身体残疾的人，甚至对于一些不太受欢迎的人格特质我们也不应该带有偏见。不论是身体残疾还是心理"残疾"，造成他们出现这些问题的责任并不完全在于他们自己，整个社会以及他们曾经的遭遇都应对他们负责任。当这些人实在无法承受因自卑带来的压力时，我们应该允许他们爆发出来。

生活中，我们应该以怎样的态度对待自卑者？他们不应该被我们歧视，也不应该被社会抛弃，他们不过是与我们一样的人，因此，我们对自卑者的态度应该让他们感受到自己与周围人是一样的，是平等的。如果你想象自己是一个能被明显看出有身体缺陷的人，也许你会感觉很不舒服。同样地，要想获得一些帮助还是需要通过教育的方式。对那些受过高等教育的人来说，他们可以设身处地地考虑自己与自卑者所具有的社会价值的公平性，并且社会意识也会在其中发挥重要作用，甚至可以说文明的发展也往往归功于这些人。

对那些因身体缺陷而感到自卑的人来说，他们在很小的时候就会感受到巨大的生存压力，对生活的态度也更为悲观。但是还有一些没有身体缺陷的孩子，他们可能因为成长中的某些人为因素体验到自卑。比如，当孩子受到不符合其成长规律的过于严格的教育时，他们所遭遇的挫折和打击将会伴随他们一生。来自教育者的冷酷与严厉无法让孩子体会到世界的爱与温暖，甚至不断拉大他与周围人之间的距离。

让我们通过一个例子对此做更好的解释。一个来访者因与妻子关系不和前来咨询，他之所以让人印象深刻是因为他总是强调自己的责任感很强，自己所做的一切都无比重要。无论大事小事，他都会和妻子计较自己在其中的贡献，以期望自己能在两个人的关系中更胜一筹。结果毫无疑问，他们陷入了不断地争吵和责骂之中，两个人越来越疏远。这其中的问题很可能是由于丈夫的自卑所导致的。

在这名来访者十七岁的时候，身体仍没有正常发育，他的声音像一个小男孩，没有体毛也没有胡子，并且永远是学校里所有男生中最矮小的那个。如今他三十六岁了，但是从外表看仍然没有一点儿男子气概。最近八年来，他不断承受着失败的打击，他不再相信自己还能"长大"，孩子般的身体一直折磨着他。

正是早年的经历塑造了他现在的人格特征。他以为自己十分重要，并努力地成为众人的焦点。结婚之后，他更是把自己对自卑的补偿施加给妻子，想要向她证明自己比她以为的更厉害、更重要，而他的妻子却不断地否定他，希望他能够清醒地看清自己。在这种情况下，两个人无法继续彼此欣赏与赞美，婚姻必然陷入危机。最终，婚姻的破碎进一步加剧了他本已支离破碎的自尊，所以他选择前来咨询。心理医生在了解了他的情况之后告诉他，如果想要被治愈，首先他需要从了解人性开始，他需要意识到问题的本质究竟是什么。只有充分认识到自卑对于自己的意义，才有可能从根本上解决问题。

生命与宇宙

我们通过上文中的一些实例向大家展示了个体童年经历与成年后的心理问题之间的关系，但是如果想要更生动地来表达二者之间的联系，与数学公式相比，图像的形式可能会更适用。比如，在图中可以用一条线将两个等同的点连接起来，也可以用更贴合个体发展变化的曲线来表示个体从童年时期所形成的行为模式。也许读到这里，有些读者会认为我们的观点忽视了命运对个体的影响，我们似乎并不承认个体才是自己生命的主人，我们否认自由意志和个体的判断力。在读者们可能形成的这些印象中，我们确实承认我们并不认为个体是具有自由意志的。也许在一个人的一生中，随着他的发展，他的行为模式会有些许的变化，但是从本质上来看，童年经历才是每个人之间差异的决定性因素，即使成年后的环境与童年时相比有了明显的改变，童年对于每个人的影响也不会轻易改变。所以在我们的观点中，要想理解人性，就必须从了解他童年时期的经历开始，因为童年决定了一个人成长的方向，也决定了他未来在处理问题时的应对方式。童年时期所经历的困难与压力可以改变一个人对于生命的态度，决定他最初的世界观与对宇宙的认知。

既然个体童年时期的经历对个体一生的人生态度都有着至关重要的影响，那么要想保证个体的正常发展，关注孩子的心理健康和人际关系的发展则尤为重要。在这一过程中，起重要作用的因素包括儿童自身的身体机能和抵抗力的发展、儿童的社会关系以及教育者的人格特征。虽然童年时期个体的很多反应还是出于本能，但是随着个体的长大，根据特定的目标，他的反应模式将会有所改变并形成特定的反应类型。随着儿童能力的发展，他们将能很好地控制那些曾经决定他们喜怒哀乐的心理的影响。尤其是当儿童可以意识到"我"的存在时，自我探索的能力将使他们意识到自己是独立于环境而存在的个体。但是每个人对自己与周围环境之间关系的知觉必然有所偏向而非保持中立，毕竟每个人都会根据自己的世界观以及对幸福和成功的理解来调整自己与世界的关系，从而形成不同的人生态度。

在这里要再次说明，我们认为人的心理发展符合目的论的思想，每个人的行为模式都遵循着固定不变的统一原则。但是由于很多人的"表里不一"，使我们很难根据看似矛盾的行为表现推断出其内在一致的人格特征。比如，有些孩子在学校与在家里的表现完全相反，有些成人的表现也十分矛盾。反过来，即使两个人的行为表现一致，他们内心的想法也可能完全相反。所以，行为一致的两个人的内心想法可能完全不同，而看起来行为不一致的两个人则可能目的相同。

因此，仅仅通过一件事无法了解人性，无法了解一个人内心的真实想法。要想了解一个人必须要先了解他的人生目标，了解他的行为模式背后的统一原则，以及他所做的每一个行为对他来说意味着什么。

只有当我们理解了所有人的行为都是基于一个目标时，我们才会发现人生的起点与终点，以及明白在这个过程中所有的困难都早已被设定。之所以会产生这样的结果，是因为每个人都会根据自己设定的行为模式发展自己的优势，优势的发展只会进一步强化每个人所认同的行为模式。这也就是为什么每个人的人生体验都十分有限，我们只能选择不断接受或改变意识或无意识下的认知，而对于那些不符合人生目标的事情，我们通通置之不理。以上正是个体心理学的观点，它通过科学的视角阐述了关于人性的道理，下面让我们通过一个实例来更好地理解这一观点。

一名年轻女子因对生活的不满前来咨询，她向心理医生抱怨自己在生活中承担了太多的责任。从表面上看，这名女子非常焦虑，眼睛不停地到处看，并且一直抱怨她不堪的生活。从她的家人和朋友那里我们得知，她在日常生活和工作中都十分认真，就算工作再多她也能够很好地解决。她的家人告诉我们："她总是对任何事情都感到担心。"这类人在日常生活中并不少见，他们总是会担心也会认真对待每一件事情。

如果一个人把每件事情都想象得过于重要，那么他的人际关系和婚姻状况会是怎样的呢？这只会使他连最简单的工作都无法进行，更不要说一些更难的、更有挑战的任务了。

仅仅基于以上对这名女子的了解还不足以发现问题，还需要进一步通过暗示和诱导的方式让她更多地表达自己，在这一过程中，心理医生不能企图控制来访者，因为这反而会激化她的反抗心理。在不断地了解之后，她逐渐信任心理医生，而心理医生最终得出的结论与她的唯一的人生目标密切相关。她的这些问题行为不过是想让某个人知道她已经无法再承担更多的责任或义务了，她想要得到他人的关心与照顾，而这个人很可能就是她的丈夫。这一问题并不是最近才出现的，而是在过去的某一时刻就已经埋下种子，只不过生活对她的要求越来越多，这才最终压垮了她。这名女子对心理医生的上述推测和分析表示认可。她承认在很多年以前她就十分渴望得到丈夫的关心与爱，她现在表现出来的这些问题行为不过是想表达她对于想要被关心的渴望，她害怕再次失去他人温暖的关心与爱。

之后这名女子向心理医生讲述了她的一位朋友的故事，这再次印证了心理医生的猜想。她的这位朋友与她在很多方面都完全不同，她有一段非常不幸福的婚姻，并且她一直想要离婚。有一次，她看到这位朋友手里拿着账本，非常疲惫地站在那儿和她的丈夫说话，说她不确定自己是否能准备好当天的晚宴。她的丈夫听后非常生气，然后骂了她一顿。这名女子回想起自己当时看到的这一切时说道："当我看到她的丈夫这样对待她时，我反而觉得我的方法更好。虽然每天背负着很多的工作和任务，但是我都可以很好地完成，也就没有人可以指责我。即使我哪天没有准备好一顿午餐，也不会有人说我，因为我确实很忙。所以想想我的朋友，我到底应不应该改变自己呢？"

由此可以看出这名女子正在通过一种相对温和的方式来补偿自卑，获取一定的优越感，但是这种方式还是无法真正满足她对于自己想要被关心和被爱的渴望。不过这种补偿机制对她来说已经非常熟悉，并且也有一定的帮助，因此想要让她改变是很难的。其实她对于被关心的渴望并没有达到病态的程度，虽然她的内心也会经常出现矛盾，但是如果让她完全放下责任，无所事事，问题反而会更加严重，如她可能会出现头痛或睡不着的情况。尽管补偿机制对于这名女子是有用且重要的，如果她的事情或承担的责任变少，则可能会出现更多、更严重的问题。对这样的人来说，补偿机制是必要的，社会意识也应有所限制。

在婚姻生活中，对于被关心和被爱的渴望有着重要的意义。例如，丈夫可能因为公务、应酬或者开会等事情无法总在家里待着，那么这时留妻子一个人在家，是否又是因为丈夫不想关心和照顾妻子呢？起初我们可能会认为，婚姻不过是为了使丈夫经常待在家里的手段，但是现实情况是，当丈夫有自己的工作时，想要让丈夫经常在家是很难的，也因此使很多婚姻出现了问题与矛盾。有时丈夫很晚回到家，小心翼翼地上床睡觉怕打扰到妻子，却发现她还没有睡，她的眼神里充满了埋怨与责备。

　　当然，我们无法列举所有情况，我们更不是为了批判女性，毕竟很多男性的态度也是相似的。但是同样是表达自己想要被关心的渴望，不同的人也可能采取不同的方法。比如，有时丈夫跟妻子说自己今晚有事要出去，妻子可能会考虑到他以前很少出去应酬，反而会跟他说今晚不要回来太早。要知道，即使她这么说与之前人们以为的妻子对此事的反应不一致，但是仔细分析之后还是能看出其中存在一定的联系。也许从表面上看，这样的妻子是聪明的，对于男性也很有吸引力，她虽然没要求丈夫早点回家，但是她仍然给丈夫设定了早点回家的限制。如果妻子说了想要让他早点回家，他却还是因为某些原因在外面待到很晚，那么妻子肯定会非常无助和受伤。所以妻子表面上的"通情达理"，不过是为了掩盖自己内心真实的想法。在这种关系里，妻子变成了丈夫生活的"导演"，丈夫的行为完全取决于妻子的想法和意愿。

　　我们从这名女子身上可以看出，一个人对于被关心与被爱的渴望在一定程度上与她的控制欲有关。她希望自己在生活中总是处于主导地位，成为周围人关注的焦点，害怕被他人指责与看低。这一点在她的生活中处处都得到体现。比如，她会因为自己被充实的工作填满而感到兴奋，因为这可以使她通过胜任新工作来满足自己的控制欲。还有当她外出散步时，与在家里不同，路上的汽车与行人都是她无法控制的，她必须躲避往来的汽车，这时她可能会感觉到自己的重要性有所降低。相比之下，这些她无法控制的环境可以使她意识到自己在家中所实施的"专治"，而这也正是她时常感到紧张和焦虑的原因。

不过，以上症状并不总是以一种病态或令人不悦的方式出现，我们甚至看不出来有些人可能正在遭受痛苦，但是这并不代表这些问题没有对一些人造成严重打击。如果一个人因为想到自己一出门就无法像在家里一样完全按照自己的意志行事，那么他可能会害怕出门，害怕路上不受自己控制的车辆，以至于他最终无法离开家，他的紧张与焦虑也会被逐渐放大。

在对这名女子的情况做进一步了解之后，我们认为这一例子仍然在向我们证明，个体童年时期的经历对一个人的影响是多么重要。从这名女子的立场来看，她的行为是完全没问题的。如果一个人因为想要获得他人的温暖、尊重、关心和爱而采取一些不合常规的方式和态度，表现得就像一些筋疲力尽的人做出无可奈何的行为，也不失为一种较好的解决方法。毕竟我们无法奢望自己可以不受到任何人的指责，同时又总是被生活温柔以待，总有一些无法避免的事情会扰乱我们内心的平和与稳定。

在了解了这名女子的童年时期的经历后我们发现，在上学期间，当她无法完成自己的家庭作业时，她通常会更强调外在的原因并且希望老师不要过分地指责她。此外，她还说，自己是家中的老大，有一个弟弟和一个妹妹，而她总是和弟弟争吵不断。因为弟弟总是想要表现得自己很优秀，虽然她的成绩也很好，但是大家往往会更关注弟弟的成绩而对她的成绩不闻不问。她无法忍受这种不公，也不知道为什么同样是取得了优异的成绩，自己与弟弟的待遇却如此不同。

从这名女子童年时期的经历可以看出，她从小就渴望得到公平的待遇，长大以后她也一直致力于克服童年经历给她带来的自卑感。在学校时，她对于自卑的补偿方式是让自己成为一名坏学生，这样父母也可能因为她是一名坏学生而给她更多的关注。虽然这种做法在现在看来非常幼稚，但是对一个孩子来说，她的行为非常理性，并且这完全是她意识之上的自主决定。

有趣的是，她的父母完全没有因为她在学习上的退步而感到困扰，反而她的妹妹的某些问题成了父母关注的重心。为什么作为一名坏学生她没有成功地引起父母的注意，而她的妹妹却可以呢？因为她的"坏"只坏在了学习上，而她的妹妹的"坏"则是坏在了行为和品德上。所以她的妹妹成功地引起了父母的注意，并且迫使父母不得不拿出更多的时间来陪伴他们的孩子。

这名女子童年时期的经历告诉我们，她为了争取获得平等的"战争"虽然失败了，但是这并不意味着会带来永久的和平。这些经历最终都会成为其人格形成的影响因素，这也就是她在长大后工作出色、生活匆忙而充实、总是让自己处于压力中的原因。也许起初她只是为了得到母亲的关注，希望父母能够给予她和她的弟弟妹妹更多的关心与爱，但是后来当她感觉父母对她没有对其他人好时，对父母的埋怨渐渐影响了她现在的人生态度。

另外，她还向我们讲述了一件她至今记忆深刻的事情。在她三岁时，她拿着一根小木棒想要打她的弟弟，幸亏当时母亲正在旁边照看他们，才避免了意外的发生。虽然只有三岁，但是她还是意识到了自己之所以被忽视或者说不受重视的原因其实就是因为自己是个女孩。她记得非常清楚，在此后的很长一段时间里，她无数次地表达过自己想成为男孩的愿望。弟弟的到来不仅使她离父母的关心与温暖越来越远，更糟糕的是，她发现父母对待弟弟的态度的确要比对她好很多。为了补偿缺失的关心与爱，她选择通过不断工作的方式来逃避。

童年时期的这些经历对这名女子后来的行为和内心到底产生多大的影响？这名女子告诉我们，她曾经做过一个梦，她梦到自己在家和丈夫聊天，但是她的丈夫看起来不像男人而像女人。这表明她在梦里终于实现了与丈夫之间性别平等的关系，她的丈夫变成了一个女人，不再是一个像她弟弟一样的男性主导者。在她的梦里，她的丈夫就是她的弟弟，她终于实现了从小时候就渴望与弟弟平等的愿望。

通过以上这名女子的例子，我们成功地将她童年时期与成年后的经历相连。在她的一生中，她的生活方式、人生曲线和行为模式统一构成了一幅环环相扣的图，总结起来就是：她是一个想要用平和方式获得控制权的女人。

第六章

生活准备

个体心理学认为，所有的心理现象都可以被看作个体为特定目标所做的准备。根据前文所描述的一个人的精神生活或内心世界，我们可以看到每个人为了实现自己的愿望所做的努力。作为人类的一般性经验，我们每个人都必须经历这个过程，并且在很多关于未来理想生活的神话或传说中也有所体现。在宗教里，人们也相信对于生活的准备、为人生所设定的目标最终都将有利于我们克服一切困难。此外，那些关于灵魂永生或转世的传说也向我们展示了人们相信灵魂可以以另一种形式存在，而童话故事则使我们相信每个人的未来都终将美好。

游戏

在孩子的世界里，游戏是非常重要的，而游戏也可以清晰地展现孩子对未来生活的准备过程。因此，父母或教育者绝不应小看游戏对于孩子的意义，应该将游戏视为教育的辅助手段，用游戏来激发孩子的幻想能力，培养孩子的生活技巧。游戏之所以被看作一个孩子对未来生活的准备，是因为一个孩子选择玩什么游戏以及他对游戏的重视程度，都可以表明他对环境和同伴关系的态度。通过观察孩子在游戏过程中的表现，我们可以由此推断出他对生活的整体态度，他的行为是否友善，他是否想要成为统治者。教育学专家格罗斯通过研究动物在游戏中的表现，首次提出游戏对于孩子至关重要的观点，而这一发现也有助于我们认识到游戏对于孩子未来生活的重要性。

　　但是游戏对孩子的意义不仅限于为孩子未来的生活提供准备这一点。集体活动对孩子来说也是一种游戏，并且还能够帮助孩子发展社会意识。不过仍有一些对生活适应不良的孩子，他们往往会选择不参与游戏。当他们与其他孩子一起坐在操场上时，他们要么退出游戏，要么会破坏其他孩子游戏时的乐趣。之所以会这样，是因为他们的自尊心过高或过低，导致他们对于自己在游戏中的角色感到担忧。通过观察孩子在游戏过程中的表现，可以帮助我们更准确地了解每个孩子社会意识的发展水平。

　　游戏的另一个意义是可以通过让孩子在游戏中成为指挥者或领导者的方式来满足孩子的优越感。一个孩子玩游戏的目的是否是为了满足自己的优越感，可以通过他在游戏中是否积极获取胜利，或者是否对那些有权力感的游戏格外热衷的方式看出。总的来说，游戏必然包含了以下几个作用中的一种或几种：为未来生活做准备，发展社会意识，获得控制权。

　　此外，游戏还有另外一个作用——让孩子尽可能地表现自己。孩子在游戏里或多或少地都会有表演的成分，其他孩子与他的"对手戏"会进一步激发他的表演欲望。而这正是游戏对孩子创造性的激发。这类游戏可以很好地为孩子未来的职业发展做准备。比如，许多孩子小时候给洋娃娃做衣服，长大以后也因为这样的游戏经历懂得如何给成人做衣服。所以说，游戏对孩子创造性的激发是非常重要的。

　　游戏与人性密切相关，甚至可以作为一种职业，对生活有着重要意义。因此，游戏对于孩子绝不是无关紧要的，游戏的目的也绝不仅仅是消磨时间而已。既然每个人成年后都会有自己孩童时期的影子，那么童年中的游戏作为一个人对自己未来生活的重要准备，必然将帮助我们更好地了解人性。

注意与分心

人类机体很多功能得以实现的前提在于，我们能否注意到某件正在身体内部或外部发生的事情，并且产生一种紧张感，但是这种紧张感只存在于某一种感觉器官中，如眼睛，而不会蔓延到全身。当眼睛注意到某件事情将要发生时，就会注视那个方向，并让人产生一定的紧张感。

无论是身体的哪一部位或者即使我们在运动的过程中，只要我们注意到某个事物并因此产生了紧张感，那么其他部位的紧张感就会被弱化。换句话说，只要我们想专心致志地关注某事，其他干扰就会被自动排除。因此，那些能够引起注意的事物反映的就是每个人内心真正关心的东西，它会根据我们的需要或者受到某一特定目标的指引，通过引起我们的注意，表达我们想要实现的愿望。

除了那些因为疾病或智力原因而无法集中注意力的人，我们每个人都拥有注意的能力。但是在正常人中还是存在一些有注意力缺陷的人，原因可能有以下几点。首先，有些人可能因为疲劳影响注意力。其次，还有很多人之所以注意力不集中是因为他们认为某些事情不符合他们自己的行为模式，因此在主观上不想要注意；反过来说，如果某些事情非常符合这些人的行为模式，那么他们就可能突然对此给予更多的关注。最后，还有一些人可能因为逆反的原因导致注意力不集中，尤其在孩子中，这种可能性更为普遍。很多孩子因为逆反导致对外界的一切刺激都采取拒绝的态度。但是对父母和老师来说，对待这些逆反的孩子更应该采取开放的态度，并且教育孩子的方法要尽量与孩子的行为模式和生活方式相一致。

在感知外界变化的过程中，不同的人有不同的特点。有些人可以同时依靠视觉和听觉一起感知外界环境的变化，而有些人则只能完全依靠眼睛或完全依靠耳朵来感知变化。所以对于那些只依靠眼睛来感知刺激的人来说，如果他们没有看到任何东西，就无法产生注意力，最终导致对任何视觉刺激都视而不见。所以注意力不集中的另一个原因还可能是因为外界能够刺激到的器官并不是他最敏感的。

那些能够引起我们注意的事物的最重要的特点就是与我们的兴趣吻合，而兴趣比注意拥有更深层次的心理基础。只要我们对某件事情感兴趣，我们就会愿意付出自己的精力给予它更多的关注；而在教育中，兴趣则是最好的老师，可以更好地帮助学生获得某个领域的知识。但是这并不意味着那些能够引起我们注意的事物必将有利于个体的成长，有些人可能一开始注意的方向就是错误的，长此以往，最终会影响他们为未来生活所做的准备。还有一种情况，无论一个人是否对此感兴趣，无论它是否能给自己带来好处或者这件事情是否会威胁到自己，人都会无条件地关注那些涉及自己身体内部的以及会影响到自身能力的事情。所以一旦个体的内在利益受到威胁，个体的注意力将完全转向内在而忽略外部世界。对一个孩子来说，认同感和意义感最为重要，如果他们的认同感和意义感受到质疑，那么他们会毫不犹豫地对此投入精力。另一方面，当他们的危机感消失又感觉到这并没有什么时，他们的注意力也会很快消散。

注意力缺陷的本质原因其实是个体想要从那些他应该给予关注的事物中逃离出来，所以并不是因为这些人无法集中注意力，而是因为他们总是将注意力集中在其他的事情上。注意力不集中的现象与意志力薄弱或者精力缺乏类似，对于那些固执己见或冥顽不灵的人来说，他们也很有可能将意志力和精力用在了不该用的地方上。那么，如何解决注意力不集中的问题？要想完全解决是比较困难的，因为需要完全改变这个人的生活方式。

注意力不集中可以被看作一种固有的人格特征，这在人群中并不罕见。我们经常会看到这样一类人，他们在完成布置给他们的任务时的效率很低，常常只完成一部分或者完全不做，最后的结果是只会给其他人增加负担。所以，持续性的注意力不集中是一种固有的人格特征，只要这类人被安排某些需要他们完成的任务时，这种人格特征就会显现。

过失与遗忘

当一个人因缺少必要的预防措施而导致自己的安全和健康受到威胁时，就会出现严重过失，在很大程度上这也是注意力不集中所导致的。与普通的注意力缺陷不同，过失的产生往往是因为没有充分关注其他人的利益。此外，我们可以根据一个孩子在游戏过程中的过失表现来判断他是一个只考虑自己还是一个也会考虑其他人的孩子。过失的产生还可以帮助我们了解一个群体的集体意识和一个人的社会意识。如果一个人的社会意识欠缺，那么他就会较少地考虑其他人的利益；相反，社会意识或集体意识较强的人则会充分考虑其他人的利益。

因此，很多过失的发生往往是因为社会意识的欠缺，但绝不能说这是过失产生的唯一原因，我们应充分去了解为什么出现过失的人不在乎其他人的利益。

注意力缺陷除了会被动地给我们带来一些危害，有时我们也会主动地通过遗忘来限制注意资源，不过遗忘有时也可能是因为缺少对某件事情的兴趣而造成的。比如，有些孩子可能会忘记把课本放在哪儿了，这往往说明他们还没有适应学校的生活；有些家庭主妇总是弄丢或找不到钥匙，也可以说明她们并不适合做家庭主妇。健忘的人往往不喜欢公开表达自己对某件事情的不满，但是他们却可以通过遗忘的方式表明自己对某件事情并不感兴趣。

无意识

我们往往很难说清楚自己很多心理现象背后的意义，就像那些注意力非常集中的人不可能告诉你他是如何做到的一样。所以很多心理功能无法在意识领域被发现，即使我们可以在一定程度上迫使自己将注意力集中在某件事情上，但这并不是由意识决定的，而更多依据的是我们无意识中对利益的重视程度。无意识可以帮助我们更好地了解一个人的行为模式，这对于理解人性来说至关重要。我们不得不承认的一点是，只是通过意识层面来了解人性几乎是不可能的。一个虚荣的女人很多时候并不知道自己是虚荣的，甚至她会表现得很谦卑。当然，我们不必告诉一个虚荣的人他是虚荣的，就像对一个虚荣的女人而言，如果她知道了自己是虚荣的，那么她可能之后就无法继续表现自己的虚荣，所以她宁愿选择不知道，即使你告诉她也是没用的。为了确保自己的安全感不受损，那些被认为是虚荣的人往往会将自己的注意力转向外部世界或一些无关紧要的事情上。想要让一个虚荣的人承认自己的虚荣非常难，在被揭露的那一刻，他会想尽办法逃避问题，但是这样往往可以让我们更加坚信自己的判断。

根据每个人的意识范围可以将人分为两种，一种人比常人更加了解自己的无意识世界，而另一种人则了解得更少。在很多情况下，第二种人往往比第一种人所能注意到的范围更小，而第一种人则有着更广阔的视野，对世间的人、事、物更感兴趣。那些不了解自己也不了解生活的人往往被生活所困，人生的很多欢喜与难过都会被他们视而不见，他们不了解生活的规则，也看不到精彩生活的全貌。在一个团队中，他们常常是那个"猪队友"，因为他们对生活缺乏兴趣，也就意识不到问题的真正原因。在个人生活中，这类人通常会高估自己的生活能力，对自己的缺点认识不足，误以为自己是个完美无缺的好人，以自己的利益为中心；相反，如果他被其他人承认确实是一个好人，那么他更加会以利己主义者自居。总而言之，你如何看待自己或者其他人认为你是怎样的人都不重要，重要的是你对待社会的态度，这才会最终决定每个人的志向、兴趣与行为。

那么，我们应该如何与这两种不同类型的人相处呢？首先，第一种人更了解自己的意识世界，能够更客观、更理性地解决问题。相反，第二种人在处理问题时往往会采取更片面的态度，只能看到问题出现的一部分原因，并且他们的行为和话语很容易受到无意识的影响。两个人在一起生活并不是一件容易的事，很多时候其中一方总是呈现出一种反抗的姿态，甚至有些情况下两个人都在不停地反对彼此。每个人都想要证明自己是对的，却不愿意了解对方的想法，每个人都说自己希望问题能得到和平解决，希望两个人的关系和睦，但是事实却并非如此。

在现实生活中，有些人虽然不会表现出自己的攻击性，但是往往他简单的一句话就可以起到攻击他人的效果，所以只能说这样的人骨子里早就具备了好斗的气质。

人类的很多本能是人类自己都无法意识到的，如对于权力的争夺。这些本能存在于无意识中，影响着人类的生活甚至可能造成不良的影响。在陀思妥耶夫斯基的小说《白痴》中有一段与此相关的叙述，被心理学家称为经典：在一场社交聚会中，一位夫人用一种讽刺的语气告诫一位公爵要特别小心，因为在他的旁边放置的是一个来自中国的非常昂贵的花瓶。公爵承诺他会格外小心，但是几分钟后这个花瓶却被打翻在地。在场的所有人看到这一场景时都不觉得惊讶，甚至认为这是必然发生的，因为这一举动非常符合这位公爵的人设，当他感觉到自己被这位夫人羞辱时，有这样的举动一点儿也不奇怪。

所以说，我们在了解一个人时不应仅仅根据他有意识的行为和表现来判断，反而是那些他自己都意识不到的行为和想法可以为我们了解一个人的人性提供更多、更好的线索。

日常生活中很多人都有咬指甲或抠鼻子的坏习惯，这些习惯除了说明这个人不讲卫生，还可以表明他是一个固执的人，但是很多人并没有意识到这种坏习惯为什么会和固执存在联系。如果一个孩子总是出现这样的坏习惯，肯定会被父母反复地批评与责骂，但是如果他还不因此改掉这一坏习惯，那么他必定是一个固执的人。也许我们在判断一个人的时候只相信眼见为实，但实际上有很多我们看不到的细节才最终反映了一个人真实的人性。

下面将通过两个例子向大家展示无意识对于塑造一个人心理功能的重要性。为了确保个体的行为模式完整统一，人的心理可以选择哪些存在于有意识中，哪些又必须保留在无意识中。

第一个例子是关于一名年轻的男性。他是家中的长子，有一个妹妹，他们的母亲在他十岁时就去世了，从此以后他聪明、善良且品德高尚的父亲不得不扮演起教育他们的角色。父亲非常重视对儿子志向的培养，鼓励他将任何事情都要做好。男孩在父亲的教育下成为班里的佼佼者，无论是品德还是成绩都排在前列，这让父亲非常高兴。

但是随着男孩的长大，出现了很多让父亲感到伤心的行为，为了改变父亲对自己的印象，他付出了很多努力。男孩的妹妹逐渐长大，虽然她看起来柔柔弱弱，但是仍然凭借自己在父亲面前优异的表现成为男孩最大的竞争对手。妹妹的家庭地位越来越高，并且对一个男孩来说，在家庭生活中表现得引人注目本来就比较困难，因此在与妹妹的竞争中，男孩所处的位置越来越不利。男孩到了青春期时，父亲开始发现男孩在社会交往中存在问题，事实上他根本没有什么社会交往。他对结识新朋友毫无兴趣甚至充满敌意，尤其是在与女生的关系中，他总是采取逃避的态度。刚开始父亲并没有觉得男孩的行为有何异常，但是渐渐地男孩开始不出家门，甚至连散步也只会在傍晚时出去一会儿。最终，他甚至连自己以前的一些好朋友都不再打招呼。但是无论在学校还是对待父亲，他的态度都是很好的。

当发现男孩的问题越来越严重，不再去任何地方时，父亲把他带到了心理医生面前，很快医生就发现了问题所在。男孩说他觉得自己的耳朵很小，所以每个人在看到他的时候都会觉得他很丑。医生不赞同他的想法，认为男孩不过是用这个理由来回避与人的交往，当医生说他的耳朵和其他人并无差异时，男孩只好补充说自己的牙齿和头发也很丑，但医生认为事实并非如此。

从另一个角度，我们可以看出这个男孩其实是非常有志向的，他想要实现父亲对自己的期待，在工作和生活中获得更高的成就，尤其是当他确定自己想要成为一名科学家时，梦想的力量对他的影响越来越大。但是问题在于他将实现成就与回避交往等同起来，然后用一些看起来幼稚的理由作为自己回避交往的借口。如果是这样，他的生活中必然充满紧张与焦虑，因为在我们的文化中，丑陋的人必定在生活中困难重重。

男孩以前一直是班里的第一名，他也希望自己能够一直当第一。为了实现这个目标，他专心学习，努力且勤奋。但是他却觉得这还远远不够，他需要将生活中一切不必要的存在全部排除，若如他所想他应该这样说："从我想要成为一名科学家起，我就决定献身于科学，为此我必须杜绝任何非必需的社会关系。"

但是他没有这样说也没有这样想过，相反地，他用了一种"幼稚"的手段——声称自己是一个丑陋的人，以此来做自己真实目的的挡箭牌。他说自己丑，为自己编造了一堆理由，不过是为了那"见不得人"的目的。如果他承认自己做苦行僧不过是为了实现自己当第一的目标，那么所有人都将知道他的野心。所以，他为科学献身的想法也许是无意识的，但是他是有意识地让自己不知道自己的目的。

为了使这一真正的目的不进入自己的意识中，男孩试图用一切无关紧要的事情来掩盖。如果一切都变成有意识的，他承认自己当科学家的理想，那么他将无法像说出自己很丑一样来表达自己想要实现目标的愿望，并且所有人都将知道他为了当第一，宁愿牺牲与其他人的关系，他将成为其他人眼里最荒唐可笑的人。这样的结果对一个人来说是难以接受的，男孩也害怕会这样。所以，因为他人也因为自己，他无法敞开自己的内心，只有将其保留在无意识中自己才能不受到伤害。

如果我们现在直接告诉这个男孩问题的根本原因，并且说他就是因为害怕自己的行为模式受到影响而不敢看向自己的内心，那么我们必然会打破他的心理机制的完整性。那些他费尽心机想要阻止的事情也会因此表露无遗，他无意识中那些不想公之于众的想法也会被公开。其实那些意识之下的想法，那些我们连想都不敢想的问题，如果有一天全部到了意识之上，我们的行为必将紊乱，这是存在于每个人身上的问题。每个人的人生都是在不断地接受着那些符合我们内心的想法，拒绝那些阻止我们前进的想法。人类只敢用对自身有价值的道理来理解世界，并让这些有益于自身成长的事情成为有意识的，将那些无益于自身成长的事情存于无意识中。

第二个例子是关于一个非常聪明的男孩。他的父亲是一名老师，不断鞭策自己的儿子争做班里的第一名。刚开始，男孩的表现非常好，在班里总是名列前茅，并且在同学中也有着良好的声誉和很多的朋友。

但是，在他十八岁的时候事情发生了重大的转变。他开始变得闷闷不乐，抑郁焦虑，甚至想逃离这个世界。虽然他不停地结交新朋友，但是每个人都能看出他存在一些行为问题。而他的父亲只想让他赶紧结束当下的状态，然后专心地学习。

在治疗的过程中，男孩不断地跟心理医生抱怨是他的父亲剥夺了自己人生的快乐，他现在已经没有信心也没有勇气继续他往后的人生，每当独自一人时他都会感受到无尽的悲伤，他的学习被耽误了，他的大学生活一塌糊涂。有一次，在社交聚会上，他因为不懂现代文学而被朋友们嘲笑，而类似的情况屡次发生，他因此变得越来越孤立，逐渐脱离了社会。他将自己的不幸归因于父亲，于是他和父亲的关系变得越来越糟糕。

以上两个例子在很多方面都很相似。第一个例子中的男孩因为妹妹的缘故备受挫折，第二个例子中的男孩则认为是父亲的错误导致自己的不幸。共同点在于这两个男孩都被我们所谓的"英雄理想"控制着，以至于他们渐渐脱离了现实生活，变得沮丧与难过，他们除了逃避别无选择。即使如此，你也不可能听到第二个例子中的男孩对自己说："既然无法像一个英雄一样地存在，我还不如逃离生活，不要让往后的日子更痛苦。"

不管怎样，这名父亲对儿子的教育的确是错误的，但是他除了看到父亲对自己的错误教育，其他什么也没有看到，他不停地抱怨，只不过为了证明自己从社会中逃离的做法是正当的，并且他坚信这是解决问题的唯一方法。通过这种方式，他可以避免自己受到更多的伤害，并能维持自尊，同时还可以将自己的不幸完全归咎于父母。他始终坚信是父亲的错误教育葬送了自己的过去与未来，使他再也没有任何成就可言。

在这个男孩的无意识中可能存在这样的想法："虽然我取得过优异的成绩，但是我想一直保持第一的位置必定很困难，倒不如现在就选择从生活中逃避出来。"这样的想法非常不可思议，没有人会这么说自己，但是行为举止往往会暴露一切。通过将所有的责任归咎于父亲的错误教育，男孩可以顺理成章地逃避、回避那些生活中必须由他来做的决定。但是如果他的这些想法都是有意识的，那么所有他想要掩盖的行为都将受到影响，因此，他必须将其保留在无意识中。对一个有着辉煌过去的人来说，谁会认为他是一个没有天赋的人呢？即使未来他没有取得更多的成就，也不会有人怪他。面对父亲的错误教育，儿子既是法官，又是原告和被告，无论他想要怎样处置，决定权都在自己的手中，他又怎么会放弃自己的有利位置呢？

梦

一直以来有这样一种观点，梦可以体现一个人整体性的人格特征。与歌德同时代的一名思想家利希滕贝格曾说过，当我们想要了解一个人时，应该从他的梦中而不是言行中寻找答案。但是我们认为这样的说法过于绝对，尽管无法根据一种现象就给某人下定论，通过梦来推测一个人的人格特征的前提是，必须有其他的证据来佐证。

利用梦来了解一个人的做法在有史记载以前就已经存在，通过对各个时代文化发展史以及各种神话和传说故事的研究，我们可以发现过去的人比现在的人更注重利用梦来解释人性，而且对梦的理解也要比现在的人理解得更好。比如，古希腊时期，梦在人们的生活中非常重要；西塞罗专门写了一本关于梦的书；《圣经》中也多次出现关于梦的故事。《圣经》中的梦有一些可以被很好地解释，另外一些又会被不同的人赋予不同的理解，如约瑟夫梦见禾捆，然后告诉了他的兄弟们。此外，从尼伯龙根的神话中也可以看出，即使在完全不同的文化中，梦的解释作用同等重要。

但是需要注意的是，如果我们想单纯地通过梦来了解一个人或者通过梦来找寻一些超自然的现象，几乎是很难的。只有在其他证据充足的情况下，我们才能更加坚信自己从对梦的解释中得到的判断。

无论是过去还是现在，很多人都相信梦可以预示未来，甚至很多理想主义者非常听从梦的指示。比如，一位来访者因为自己的一个梦放弃了正当职业而开始赌博，并且他完全通过梦的内容来下赌注，因为根据以往的经验，一旦他没有听从梦的指引，他就会很倒霉。接下来的一段时间，梦的确帮助他赢了很多钱。但是又过了一段时间，他开始跟其他人说梦都是假的，看来他已经输光了所有钱。其实不管梦有没有预示作用，这样的现象在赌场中都十分常见，根本不会有奇迹出现。如果一个人对某件事非常感兴趣，他可能到了晚上也会沉迷其中，这些人中有一些是通过不睡觉来解决问题，还有一些则是睡着了继续在梦中解决问题。

梦中的很多想法往往连接着我们的昨天与明天，而一个人对生活的态度则可以将现在与未来相连。所以在一定程度上，梦可以体现一个人的生活态度，换句话说，一个人的生活态度就是他所做的所有梦的基础。

一位年轻女性说自己曾做过这样一个梦：她梦到自己的丈夫忘记了他们的结婚纪念日，她因此责备了他。这个梦可能预示着以下几个问题。首先，他们的婚姻可能出现了问题，妻子感觉到了丈夫的忽视。其次，其实她自己也忘记了结婚纪念日，还是丈夫提醒了她。最后，她承认其实根本就没有发生过梦中的事情，她的丈夫总是会记得结婚纪念日。所以，我们可以看出，她会在梦中责备和抱怨丈夫是因为她对未来感到焦虑，担心会有这样的事情发生。

为了更好地解释这名女性的梦，我们询问了她童年时期的经历，她讲述了一件总是出现在脑海中的事情。在她三岁的时候，姨母送给她一把带有图案的小木勺，她非常喜欢。但有一次她在玩小木勺时不小心把它掉进河里冲走了，她为此伤心了好几天，周围每个人都很关心她。

因此，她的梦可能预示着她现在很担心自己的婚姻也会像小木勺一样离自己远去，比如丈夫忘记了结婚纪念日。

还有一次她梦到丈夫把自己带到了一座高楼上，越往上走楼梯越陡，也不知道是因为爬得太高还是太焦虑，她出现了眩晕的感觉。可能很多人在清醒时都有过类似的感觉，尤其在爬到高处时，向下看的恐惧要大于楼本身的高度所带来的恐惧。让我们把第二个梦与第一个梦联系起来，很容易看出这名女性的焦虑，她总是担心不好的事情发生。比如，丈夫对她的爱越来越少怎么办？丈夫总与自己发生争执怎么办？自己的婚姻破碎了怎么办？这些在家庭生活中常见的冲突，在这名女性看来是糟糕到足以让她昏厥的事情。

现在我们对于梦的真正含义有了更深的理解，只要梦的内容可以清楚地表达出它想要表达的含义，那么采用什么方式或是什么类型的梦都不重要。梦其实是对一个人生活问题的明确暗示，这名女性的梦就好像在说："不要爬得太高以免摔得太惨。"而歌德的《婚姻之歌》中也记录了一个梦。一名骑士回到空无一人的家中，他感觉很疲惫，所以躺在床上睡着了，然后他梦到从自己的床下出来了几个小矮人，这些小矮人在他的面前举行了一场婚礼。他从梦中醒来后心情愉悦，连他的梦都知道自己想找一个女人来陪伴自己，而梦中所发生的一切就好像他在现实中庆祝自己的婚礼一样。

如果再进一步解读骑士的梦，我们还可以发现歌德也把自己的婚姻隐藏在了其中；他将自己的生活态度完全用梦中的骑士来体现，他通过梦来帮助自己在未来更好地解决自己的婚姻问题。

接下来，我们将讲述一个二十八岁男性的梦。他的梦就像发烧时的体温变化一样起起伏伏，充分展现了他心理的变化轨迹，在变化过程中的自卑感及他对于权力和地位的渴望。他是这样讲述的："我梦到自己正和一群人一起出去玩。我们乘坐着一艘船，但是这艘船又不够大，所以一到晚上我们就必须停靠在附近的小镇上过夜。有一天晚上，我们突然接到船正在下沉的通知，并让所有人都去帮忙。但是这时我突然想起来，我有很多贵重物品都在船上的行李箱里，所以我没有帮忙而是跑到船上去拿我的东西。最终我从窗户里拿到了我的背包，并且发现背包旁边有一把我非常喜欢的小折刀，我也把它放进了背包里。这时船已经沉得越来越深，我拿上背包赶紧从船上跳了下去。我跳进了海里但是却落在了地面上，我想要回到码头但是码头却非常高，我只能往更远的地方走，但是前面突然出现了一个悬崖，我必须过去，所以我就慢慢滑了下去。离开船以后我就再也没见过我的同伴，因为很害怕，所以我走得越来越快。最终我走到了路的尽头，此时，一个人出现在了我面前，并且正在工作，我并不认识他，不过他的出现让我感觉好多了。他问我：'你在这儿干吗？'语气中带有责备，好像他知道我是抛下了在船上的其他人自己跑出来似的。我看着周围全都是悬崖峭壁，想离开却只能通过几根垂下来的绳子，然而这些绳子太细，我根本不敢往上爬。我尝试了几次之后还是不断地往下滑，根本爬不上去。但是最终我不知怎么地就到了悬崖上面，这个过程似乎是我有意地没有梦到。在悬崖边上有一条带栅栏的路，很多人在上面走，并向我友好地打招呼。"

当我们继续了解这个男性的生活，发现他五岁前一直遭受着疾病的折磨，五岁之后也是经常生病。这就导致了父母在照看他时非常小心谨慎，并且经常焦虑不安，所以他和其他孩子接触的机会就特别少。当他想要和成人接触时，父母又会说成人负责照看孩子，孩子与成人是无法沟通、交往的。所以，从很小的时候起他就只能和父母在一起，严重缺乏必要的社会生活经验，在这方面的发展远远落后于同龄人。甚至同伴们也嘲笑他，认为他是愚蠢的，这都是合乎常理的，并且这只会使他越来越难以结交朋友。

这样的情况逐渐加强了他的自卑感。他的父母全权负责对他的教育，父亲是一名对他有着过高期望又十分暴躁的军人，母亲软弱、不明事理又专横跋扈。虽然父母总是强调自己所做的一切都是为他好，但是过于严厉的教育让他非常沮丧。他对童年时期发生的一件事情印象深刻。在他三岁时，因为没有听母亲的话，不帮她去跑腿，他被罚跪了半个小时。虽然他很少被打，但是一旦被打就会遭受几股鞭子的毒打，无论他怎么请求原谅都没有用，父母也不会告诉他被打的原因。按父亲的话说，"孩子怎么会不知道自己被打的原因"。所以每次当他被打时，他如果说不出自己为何被打，那么只会遭受更严重的鞭打，直到他承认错误为止。

从他很小的时候开始，他对待父母就是仇视的。在父母的影响下，他感到无比自卑，甚至他连什么是优越感都无法想象。无论是学校生活还是家庭生活，他总是面临着大大小小的失败，任何成功都与他无缘。

直到十八岁，他还是经常被同学嘲笑。甚至有一次他还因为在课堂上讲述了一个不恰当的例子而被老师嘲笑。

正是这些经历使他越来越孤立，渐渐地，他开始逃离这个世界。在与父母的战斗中，他找到了一些有效却需要付出巨大代价的方法——拒绝说话。通过这种方式他阻断了自己与外界的联系，不和任何人说话使他变得越来越孤独。宁愿被误解，他也不愿和其他人说话，尤其是和父母，而其他人也更加不愿意搭理他。当他想要再次融入社会时却屡屡失败，他的每一段恋爱关系也无疑都以失败告终。直到现在，他已经二十八岁了，过往经历给他带来的深深的自卑感，让他过度地渴望获得优越感的满足，这最终对他的社会交往产生了非常不良的影响。他说得越少，内心对于成功和优越感的渴望就越多。

所以，这位二十八岁的男性做了那样一个梦，用梦来清楚地表达自己的内心。最后，让我们来回忆一段西塞罗所描述的梦，这个梦被认为是文学界最著名的梦。

诗人西蒙尼德斯曾经帮助过一位不明身份的老人，老人死在了街道上，是西蒙尼德斯把他埋葬了。有一次，当西蒙尼德斯想要出海时，突然梦到了这位死去的老人，老人告诫他，如果他选择现在出海很可能会遭遇海难。最终，西蒙尼德斯听从了老人的话没有出海。而那天出海的人无一幸免，全部死去。

几百年来，这一段关于梦的描述对人类影响深远。

如何解释这一奇特的现象？是因为出海的船本就经常出事，还是因为有人在出海的前一晚梦见了海难？为什么后人会对这个梦印象深刻？不过是因为现实恰巧验证了这个梦的内容。尤其是对那些相信神秘力量的人来说，他们更可能相信这样的故事。但是当我们冷静下来去分析这个梦时，我们可以得出：这位诗人本就非常在乎自己的身体健康，所以他根本不想要出海。当出海的日子越来越近时，他必须为自己的犹豫找到一个正当的理由。最终他梦到一个有预言能力的老人，老人为了感谢他帮了自己而向他预言了海难的发生，因此他有了充分的理由不出海。当然，如果最后没有出现海难，这个梦也许就不会流传下来。毕竟我们的梦究竟是什么样子并不重要，重要的是梦所能展现出的意义与智慧。无论是梦还是现实，包含的不过是每个人对生活的态度，所以梦有预示功能也就不奇怪了。

但是并不是所有的梦都可以被很好地解释，或者说是只有极少数的梦可以被理解。尤其当很多人根本不知道如何解释梦时，那些看起来无意义的梦就会被很快遗忘。事实上，很多梦对人们的行为都有象征意义，那些看起来意义比较明确的梦可以帮助我们更好地了解自己，同时可以为我们提供一些解决问题的思路。通常，梦可以通过某种情境激发人们产生某种情绪反应，但是做梦的人却往往很难理解这其中的联系。不过即使我们有时无法解释自己的梦也没关系，因为梦的存在本身对于做梦者来说就是有意义的，它可以使做梦者更了解自己的思想以及自己的行为模式。梦就像一团烟，它让我们知道下面有火在燃烧。擅长烧火的人可以根据烟的样子判断出是哪种木材在燃烧，就像精神分析师可以根据一个人的梦来了解这个人一样。

综上所述，梦不仅可以帮助人们了解自己生活中存在的问题，还可以在一定程度上帮助我们解决问题。尤其是当梦中涉及社会意识和对权力的争夺时，梦将会严重影响做梦者与世界和现实的关系。

智力

在所有可以用来了解一个人的心理现象中，我们常常会忽略智力因素的影响以及一个人对自己的评价和思考。每个人在成长的过程中都可能会迷失方向，我们自己又可能从不同的视角去理解他人，如自私自利的或道德的视角。然而要想理解他人，我们必然会在一定程度上听听他对自己的评价，虽然每个人对自己的评价可能并不属实，但是他对自己的思考必定是我们需要参考的指标。

这种用于判断个体是否了解自己的能力，我们认为属于智力的范畴，目前在很多孩子或成人的智力测验中都可以被测量和检验。但是直到现在，智力测验仍然受到很多质疑。很多孩子的智力水平可以被老师一眼看出，根本不需要测验。虽然一开始实验心理学家对于测验的有效性非常自信，但是另一方面又可以说明测验是完全多余的。另外，孩子的智力测验结果是否可以预测他们长大后的智力水平也遭到质疑，因为很多孩子智力的发展并没有一致性的规律，所以尽管一些孩子的智力测验结果很差，但是并不影响他们几年后的智力发展。还有就是，来自大城市的孩子往往社会体验更丰富，所以在智力测验上更占据优势，但这是否能说明那些没有为智力测验做好准备的孩子的智力水平就更低呢？众所周知，富裕家庭中八岁至十岁的孩子比同龄的贫穷家庭中的孩子更聪明，但是这并不意味着富裕家庭的孩子智力水平更高，这不过是因为他们早期所处的环境与其他孩子不同。

到目前为止，智力测验的发展还远远不够成熟。在柏林和汉堡，很多在智力测验中得分高的孩子，在受教育的过程中都没有获得很好的成绩。这似乎证明了，我们无法用心理测验的结果来保证孩子的健康发展。而个体心理学在这方面取得了胜利，因为个体心理学的目的并不是为了使个体不停地发展，而是希望个体能够理解发展背后的积极意义，从而帮助孩子以正确的方式发展自己。不破坏孩子对自己人生的思考和判断是个体心理学的原则。

第七章

性　别

性别与劳动分工

　　如前文所述，我们认为决定个体心理现象的因素主要包括两点，一个是个体的社会意识，另一个是个人对权力和控制感的追求。每个人一生所面临的三种主要的挑战分别来自爱情、工作和社会生活，而在应对挑战的过程中，这两种心理因素往往决定了人们的行为表现和人生态度。同时，这也决定了我们是否能真正地了解人性，而一个人对这两种心理因素的关系判断决定了他对于社会生活的理解程度，以及他在多大程度上能服从于因社会生活需要而产生的劳动分工。

　　对人类社会来说，劳动分工的作用不容忽视，每个人都需要承担一定的劳动。那些反对劳动分工的人否定了社会生活的意义，他们反社会、不合群。从小的方面说，他们以自我为中心，调皮捣蛋，令人厌烦；从大的方面说，他们可能会成为社会中的"怪人"或罪犯。因此，对这些不服从社会分工的人来说，他们无法满足社会对他们的要求，也就必然会面临着来自公众的谴责。人类的价值需要通过其对待同伴的态度和参与劳动分工的程度来体现，只有肯定社会生活的价值才能说明一个人对其他人来说是重要的，并且将其与社会连接起来。按理说，一个人的能力决定了他在社会劳动分工中的生产力，但实际情况并非如此。由于人们对于权力和控制感的过分渴望，导致一些错误的价值观出现，从而影响正常的劳动分工，最终降低生产力，无法正确评估事物的价值。

那些不服从劳动分工的人拒绝了社会给他们安排的位置，而他们对于权力的过分争夺和以自我为中心的利益维护都会严重阻碍社会生活的正常运转。阶级差异对社会的负面影响与此类似。在劳动分工中出现的个人权利和经济利益的差异使一些人处于更高的社会阶层，拥有更高的权力，同时他们还会排斥其他阶层的人。虽然劳动分工的存在必然会使一些人获得特权，另一些人则没有，但是我们仍然需要了解哪些因素可能会影响社会结构，从而帮助我们理解为什么劳动分工必然会存在很多问题。

性别同样是劳动分工的一种划分依据。比如，女性的某些生理特点决定了她们无法从事某些工作，对男性来说，工作也同样有适合和不合适之分。但是很多人认为，劳动分工就应该以一种完全公正的标准来安排，不应带有偏见，这也是很多女性解放运动所持有的观点。劳动分工的目的既不是为了剥夺女性本身的权利，也不是为了分割男女之间的关系，而是为了让每一个工作机会都留给最适合的人来做。在人类发展的过程中，劳动分工的发展也越来越合理，女性承担一部分工作，男性也在自己的劳动岗位上发挥最大的价值。只要在工作中没有滥用权力，人们的生理和心理没有受到伤害，那么劳动分工就是有意义的。

男性的主导地位

文化的发展受到某些群体和社会阶层权力的影响，那些想为自己谋取特权的人通过劳动分工的方式改变了人类整体的文化特征，这也是为何男性地位更高的原因。自古以来，男性为了保证自己的利益，统治女性，使自己的地位高于女性，他们采取了劳动分工的方法，让女性从事一些无关紧要的工作，辅佐男性，以使男性的有利地位不受威胁。

就目前的情况来看，女性已经开始对男性长期的主导地位感到不满。两性之间联系紧密，如果两性关系持续紧张必然会引起双方的心理失调，从长远看甚至不利于身体健康，无论对男性还是女性来说，这都会造成严重的伤害。

人类的习俗传统和法律道德全都揭示了这样一个事实，即男性统治者为了维护自身的荣誉选择给予男性更多的权力。从童年时期开始，社会就向每一个孩子灌输这样的观念，而且不需要孩子对两性关系完全了解，他们的情绪和态度就已经可以受到这种观念的影响。比如，当一个男孩被要求穿上女孩的衣服时，他可能会大发脾气。只要让男孩体验过获得权力的感觉，那么他就会想要成为一个有权力的男人，以满足自己的优越感。正如前文曾多次提到的，现在的家庭教育过多地强调对权力的争夺，而在一个家庭中，父亲往往是权力的象征，所以自然会导致整个社会对男性特权的过分推崇。孩子对父亲在家庭中的地位更为敏感，他们可能会给予父亲比母亲更多的关注，并且他们会很快意识到父亲在家庭中的主导地位，父亲在家里的每一个行为、做出的每一个决定以及他无时无刻不像一个领导者的风范，都会被孩子看在眼里。所有人都会听从父亲的命令，母亲也总是询问父亲的意见，凡此种种都会使父亲看起来更为强大而有影响力。对孩子来说，父亲就是他们的标杆，父亲说的话就像圣旨一般，他们会根据父亲的言行来判断一件事正确与否。不过在有些家庭中，父亲的影响也许不是如此明显，但是孩子还是会认为父亲在家中处于主导地位，因为家庭的重担大部分都是由父亲来承担的，而劳动分工的特点就是让父亲可以在家庭中拥有更高的权力来确保自己的有利地位。

从历史的发展中可以看出，男性的主导地位并不是一种自然现象，而是人为创造的。比如，很多法律条文中都规定了对男性主导权力的保护，说明在这些法律条文出现以前，必然存在一个不是由男性主导的时代，而这个时代就是历史所记载的母系社会时期。在母系社会时期，女性在社会中拥有主导地位，尤其是对孩子而言。在那时，一个家族中的每个人都必须尊重母亲在这个家族中的尊贵地位，很多习俗都对此有所体现，如孩子对于陌生男人的称呼只有"叔叔"或"哥哥"。在从母系社会过渡到男性社会以前，曾出现过一场激烈的战争。那些相信自己拥有特权的男性忍受不了总是被女性所统治，所以他们开始为了自己的权力和主导地位而战斗。最终，男性取得胜利，历史记载了男性征服女性的漫长过程。

男性的主导地位不是自然形成的，而是由于早期人类之间的战斗导致的，最终男性因为自己的骁勇善战赢得了战争的胜利，而这种优势正是他们能够一直保持主导地位的原因。与此同时，所发展出来的财产权和继承权也是男性统治的基础，毕竟权力的一大重要特点就是可以获得和拥有物品。

虽然大部分孩子并不了解这部分历史，但是他们仍然能从家庭生活中感觉出父亲在家中的主导地位。即使这个家庭中的父亲和母亲非常了解两性关系，并且也尽力避免因为遗传所导致的两性差异，争取实现家庭中的性别平等，但是孩子还是很难不把做家务看作母亲的责任，或者认为父亲和母亲都应该做同等多的家务。

在一个男孩很小的时候，他就会看到他的生活里充满着男性特权的光辉。从他出生的那一天起，他就比女孩更受人欢迎，并且很多父母都难免有着重男轻女的思想。当男孩逐渐长大，他会慢慢发现自己有着更大的特权和更高的社会价值，他也总在不经意间就会发现男性在这个社会中是更为重要的存在。

在家庭生活中，女性通常会被安排完成一些技术含量低的工作以显示男性的主导地位，长此以往，女性自己也会相信当有男性在时，她们与男性之间本就应是不平等的。很多女性在婚前都会问自己的未婚夫一个问题："你对于男性在家庭生活的主导地位有什么看法？"男性通常不会正面回答这个问题，也许他们会说自己希望两个人是平等的，但是有时他们的行为却违背了平等。在一个男孩小的时候，通过观察自己的父亲，他就会知道一个男性在家庭中有着更重要的地位。最终他会将这种信念转化为自己的责任，无论在面对来自家庭还是社会的各种挑战时，他必须保证自己的男性特权。

每个孩子在成长的过程中都会体验到两性关系带给他的影响，比如，在很多描绘女性的艺术作品中，大部分的女性所呈现的都是较为悲惨的角色。当孩子看到这些作品后，肯定会希望自己成为男性而不是女性，并且他们会认为只有追求男性特征才是有价值的人生目标。因此，很多男性特征被认为更高尚，很多不同的特征也被渐渐刻板化为男性特征或女性特征。而何谓男性特征，何谓女性特征，根本不存在一个合理的标准。但是当我们对比男性和女性的某些心理状态时，又会发现两性之间存在着明显的性别差异，男女之间不同的心理特点又会导致他们出现不同的表达方式和行为模式。一个人在男性特征或女性特征的表现背后存在某些力量的驱动，但无论是男性特征还是女性特征，在权力争夺方面都有着自己的优势，并不存在明显的不同。比如，有些人为服从或顺从他人，表现出所谓的女性特征，但是同样为了争夺权力，听话的孩子往往比不听话的孩子更引人注目。所以，我们了解人性的一个巨大困难就在于，人们在争夺权力的过程中往往会采取非常复杂的方式，让人难以捉摸。

男孩逐渐长大之后，他会将从父亲身上观察到的男性气质作为自己的一种责任，为了履行责任，他不得不表达自己对权力和地位的渴望。对很多男孩来说，他们仅仅知道自己拥有男性气质是不够的，还必须通过获得权力来证明自己是个男人。为此，他们一方面需要不断地努力使自己变得强大，另一方面则要通过压制女性来突出自己的地位。在这一过程中，男性还会根据他们所受到的抵抗力的大小采取不同的制胜方法，他们要么顽固蛮横，要么诡计多端。

如今，男性特征的标准已经成为衡量每一个人的统一标准，尤其对一个男孩而言，他们会以这样的标准来判断自己是否具有男子气概，是否是一个真正的男人。而现在对于"男性气质"的定义也早已达成共识，通常具有男性气质的人被认为是利己主义的，喜欢控制他人的，也被认为拥有"主动性"的特征，比如，勇敢、坚强、有责任感，他们是所有对弈中的胜利者，他们战胜了女性，是地位、荣誉和各种头衔的拥有者，他们更会避免使自己具有任何女性特征。在被男性气质统治的当下，人们对于个人优势的争夺从未停止。

对一个男孩来说，他对于男性气质的理解是完全通过观察成年男性，尤其是他的父亲得来的，而这必将不利于社会多样化的发展。如果男孩在很小的时候就被灌输了这样一种观念，认为男性气质就等于追求权力，那么他很可能会将其误解为粗鲁和暴力。

由此可见，成为一个男人的好处非常多，甚至很多女孩都想要具有男性气质，这样的结果要么使一些女孩认为男性气质高不可攀，要么使一些女孩将男性气质作为自己的行为准则。不过似乎在我们的文化中，很少没有女人是不想成为男人的。比如，很多女孩在玩游戏时会将自己设定为男性角色；她们像男孩一样爬树，只和男孩一起玩，并且认为自己的一些女性特征是丢人的，她们只能在具有男性化的活动中获得满足感。现在人们对于男性气质的偏爱导致人们过于追求权力感和优越感，却忽略了生命中其他重要的事情。

女性的自卑

男性主导地位确立的原因，一部分是男性确实为自己争取了较高的社会地位，而另一部分则是女性的自卑所衬托出来的。关于"女性是自卑的"这一观念几乎存在于所有的种族中。这种对于女性的偏见最早起源于男性反抗母系社会的战争时期。一位拉丁作家曾写过这样一句话"女人是男人的困惑"。在神学研究中，人们争论最多的问题是女性是否有灵魂、女性是否真的是人。对于这个问题的困惑与不确定，最终使女性在长达一个世纪的历史时期中被迫害、被压制。

女性被认为是万恶之源，像《圣经》中的原罪，像荷马的《伊利亚特》中所写的那样。海伦的故事让我们看到一个女性是如何将全人类带入了不幸之中。神话传说无一不向我们传递着女性是恶毒的、虚假的、善变的、无道德的、不忠诚的，甚至"女人愚蠢"的观点都可以被用作法律案件中的证词。与此同时，对女性的偏见还导致了对女性能力的贬低，无论是文学轶事还是格言笑话，在很多文学作品中，都充斥着对女性的侮辱与贬低，女性因为卑鄙、愚蠢等特点被众人指责。

生活中的很多细微之处都足以证明女性的自卑，像斯特林伯格、莫比乌斯、叔本华和魏宁格等越来越多的男性都支持这样一种观点，女性因为自卑，所以不会选择辞职以表示反抗，哪怕是不公平的工作，甚至连她们自己也默认女性就是不如男性。在她们的认知里，女性就应该服从于男性，即使做相同的工作，女性的工资比男性低也是合理的，这无疑是对女性自身和女性劳动力的侮辱。

如果对比男性和女性在智力测验中的成绩，我们会发现在某些科目中，如数学，男性的成绩要好于女性，而女性在语言等其他科目上的表现则要好于男性。也许男性在面对一些需要具备男性气质的工作时，确实要比女性表现得更好，但这并不是由于男女本身能力上的差异所导致的。我们仔细研究了女性之后才发现，她们所表现出来的能力欠缺往往是由于她们对自己的消极暗示所导致的。

当一个女孩每天跟自己说，女性就是不如男性，女性只适合做一些不重要的工作，那么毫无疑问，她会越来越相信自己无法改变自己终将成为一个无用的女性的命运，再加上童年时期她可能缺少与男孩一样的训练和教导，使她最终相信自己就是无法拥有像男性一样的能力。在这种观念的长期影响下，即使当一个女性有机会获得一个男性化的职业，她也会认为自己无法胜任，或是自己对此根本不感兴趣。即使感兴趣，她也坚持不了多久就会放弃，因为不论是她的内心还是外在条件都没有为此做好准备。

在这种情况下，"女性能力低"的说法似乎已经得到证实。第一，对女性的偏见之所以会被不断放大，是因为人们在判断一个人的价值时往往只依据这个人的工作能力或单方面的个人成就，这就使我们很难判断一个人的外在能力和表现与其心理发展之间的差距。第二，一个感觉自己被忽视的女性往往会选择性地听取身边对女性有偏见的言论，为了让行为符合价值观，她们往往会贬低自己，不相信自己所做的事情有任何价值。如果一个女孩在歧视女性的环境中长大，她对于女性的偏见也会被不断加强，长此以往，她必定会在面对生活的各种问题时丧失勇气与信心，然后她将如自己所认为的那样成为一个无用的人。然而，如果一个人丧失自尊与勇气，不敢与社会建立联系，不相信自己能达成任何成就，不是因为别的，而是因为我们，那么我们还敢说自己是对的吗？难道不是因为我们才导致了她所有的悲伤与痛苦吗？

在当前的文化背景下，女性很容易陷入自我怀疑，丧失勇气和自信。但事实上一些智力测验的结果表明，有些年龄阶段的女性的能力和智力都要明显高于男性，如十四岁到十八岁的女孩。当对这些女孩进行深入的研究之后，我们发现这些女孩的母亲有一个共同点，她们要么完全承担着家庭的经济重担，要么至少负担着家庭的大部分开销。这说明在这些女孩的成长环境中，几乎没有或很少存在对女性的歧视，她们所看到的是母亲可以通过劳动获得应有的报酬，因此她们也相信自己可以自由而不受拘束地做任何想做的事，而不会受到"女性无能"的观念的限制。

证明女性并不比男性差的另一个证据是，像文学、艺术、手工艺和医学等领域中，有一些女性的成就不仅可以与男性比肩，甚至还能超过男性。而在所有领域中都存在很多不仅没有成就而且毫无能力的男性，这部分男性的数量之大完全可以证明男性比女性更差。

歧视女性的一个严重后果在于，这会将男性与女性完全地区分开，男性气质代表强壮、能力、胜利，相反，女性气质就是服从、顺从、卑微。当我们形成这样的思维模式后，人们就会以此作为判断标准，将一切具有男性气质的特征认为是更高级的，而女性气质则是更低级、更没有价值的。没有什么比说一个男性像女性更让他感到屈辱的，反过来说一个女性有一些男性气质则不会有什么影响。总之，生活中很多时候，哪怕一个人语调的变化，都可能让我们联想到女性不如男性。

女性的自卑往往会导致她们的心理发展受到抑制，并进一步影响人格特征。在孩子的发展过程中，谁也无法保证可以把孩子培养成一个天才，但是我们可以做的其实是不要干涉孩子的成长。我们的不作为反而是一种帮助。为什么现在有很多女性的成就要明显高于男性？因为在任何一个看起来没有什么天赋的孩子身上，谁知道会不会有奇迹发生呢？

拒绝女性身份

男性在社会中的优势地位已经对女性的心理发展造成严重困扰，甚至出现了对女性身份的普遍不满。在这样的社会环境下，女性自身也难免会因为自己的女性身份而感到自卑，导致她们明明与男性身处同样的世界却面临着更大的心理压力。一旦女性意识到自己的不利处境，想要补偿自卑导致的劣势地位，那么无疑将影响到她们性格和智力的发展，甚至会更渴望获得权力的补偿。一个错误可能导致其他更多错误的出现。当我们为了补偿女性，给予女性更多的特权时，表面看起来是给予了女性更多的尊重，但本质上还是为了满足男性的利益，实现男性的理想。就像乔治·桑曾说过的："女人的美德不过是男人的称赞罢了。"

那些沉迷于与自己的女性身份斗争的女人通常可以分为两类。一类是那些主动追求男性气质的女性。她们往往精力充沛、充满斗志，为获取成功不断努力。她们想要超越自己的兄弟或男性朋友，热衷于参加男性喜欢的运动或其他活动。她们通常会回避爱情关系，也不会步入婚姻，即使她们结婚了也很有可能因为总想要超越自己的丈夫而导致婚姻不和谐。这类女性往往不愿意承担家务，要么直接拒绝，要么会间接地说自己没有做家务的天赋，然后不断证明自己真的不适合做家务。

用男性气质来表达自己对于男性的反抗，是这些拒绝女性身份的女性的态度，这样的女性通常被称作"像男人一样的女人"或"女汉子"。但是，很多人对这类女性存在一定的误解。比如，很多人认为有一些女性之所以具备男性气质是先天因素决定的，因为她们分泌更多的雄性激素。然而，人类文明史的发展表明，女性从过去到现在一直承受着巨大的压力，如今她们已经到了不得不反抗的地步。只不过她们反抗的结果是变得更加男性化，来自性别角色的压力，总会使压力下的女性要么成为一个典型的女人，要么就只能使自己朝向一个男人的方向发展。性别角色也不过两种而已。所以，那些想要远离女性身份的人只能往反方向的男性气质发展，这种变化并不是因为某些分泌物，只不过是因为她们当下没有其他的选择而已。尽管如此，我们不应该责备这些迫不得已的女性，不应该忽视她们在成长过程中面临的各种心理问题。如果我们无法实现女性与男性之间的绝对平等，就不应强求女性要完全符合文化和社会生活的要求。

第二类对自己女性身份不满意的女性则与第一种类型完全不同，她们完全听任生活的安排，非常顺从和卑微。从表面上看她们可以在任何地方都适应得很好，但实际上她们根本无所作为。她们中有很多人都存在神经系统方面的疾病，她们非常虚弱，需要其他人的照顾；同时她们用疾病当作挡箭牌，有充分的理由说明自己为什么不适应生活。所以她们大可以说自己其实非常优秀，只不过因为生病使自己在生活的很多方面不尽如人意。虽然这类女性卑微顺从、压抑自我，但是与第一类女性相同的是，她们都在表达着自己对女性身份的反抗，她们都认为自己的生活不幸福。

还有第三类女性，她们并不排斥自己的女性身份，她们承认女性就是自卑的，也愿意在生活中处于男性之下，她们甚至相信只有男性所做的事情才是有价值的。所以，她们认为男性拥有特权是理所当然的，所有的成就应该给予男性，男性也应该比女性拥有更高的地位。这类女性通过示弱以希望获得帮助和认可，但本质上看这不过是她们为了长期的反抗所做的铺垫。这样一来，她们可以将婚姻的所有责任推给丈夫，就像她们最常说的一句话："这些事只有男人才能做。"

尽管女性的地位被认为是低于男性的，但是教育孩子的任务还是更多地被交给女性负责。那么上文中所提到的三种不同类型的女性在教育孩子的过程中会有怎样的不同呢？第一类"男性化"的女性往往会成为一个严厉专横的母亲，她可能会惩罚孩子，给孩子施加过多的压力。对孩子来说，这种类型的教育更像是军事训练，他们会认为自己的母亲并不是一个合格的教育者。喊叫和命令在教育的过程中常常起到相反的作用，对女孩来说，她们可能会模仿自己的母亲；男孩则可能会因为想到自己以后的人生而感到害怕，甚至因为自己的母亲而回避与其他女性的交往，无法信任其他女性。如此，必将不利于男性和女性之间关系的发展。从病理学的角度来看，这可能是由于"男性气质和女性气质的错误结合"导致的。

另外两种类型的女性同样无法成为称职的教育者。在教育孩子的过程中，这些母亲可能会担心孩子迟早发现她们的不自信，而这种担心只会加剧她们的唠叨和责备，甚至会威胁孩子再不听话就去告诉他们的父亲，进一步表明她们对于自己教育能力的怀疑。渐渐地，她们可能不再相信自己可以教育好孩子，就好像她们也不得不承认男性是更有能力的，包括在教育孩子方面。这样一来，因为她们相信自己根本不可能成功，所以她们既可以逃避对孩子的教育，也可以毫无内疚地将所有的责任推给丈夫和老师。

此外，还有一些对女性身份不满的女性为了逃避生活想出了一些看似"更高级"的理由。比如，部分独身主义者，她们的选择表明，她们显然无法很好地接受自己的女性身份。同样地，还有一些从年轻时就沉迷于事业的女性，她们依靠事业使自己独立，避免自己受到婚姻的捆绑，这些行为的背后其实都蕴藏着对女性身份的不满。

所有步入婚姻的女性都是自愿的吗？婚姻并不能说明一个女性完全接受了她的女性身份。比如，有一位三十六岁的女性因为神经系统疾病来看医生。她是家中的长女，她的父亲的年龄要比母亲大很多，而她的母亲是一个非常专横跋扈的女人。当她的母亲还是一个年轻漂亮的女孩时就嫁给了一个老男人——她的父亲。这样的结合让这名女性有些怀疑母亲是不是因为对女性角色不满才嫁给了父亲。父母的婚姻并不幸福，母亲总是在家里大喊大叫，要求所有人都要按照她的想法做事，不管其他人是否愿意。父亲在家中毫无地位可言，母亲甚至不允许父亲躺在沙发上休息。母亲说她所做的一切不过是为了维护家庭经济的运转，但其实她就是这个家庭无上的"法律"。

这名女性从小就非常优秀，深得父亲的宠爱，但母亲却总是对她很不满意，甚至充满敌意。尤其是当她的弟弟出生以后，母亲非常偏爱弟弟，而她与母亲之间的关系也越来越僵化。这名女性知道父亲虽然在其他事情上很顺从、很卑微，但只要女儿的利益受损，他一定会为女儿撑腰，所以这名女性开始光明正大地厌恶她的母亲。

她和母亲争执最多的一件事是母亲的洁癖，母亲甚至要求她每次摸完门把手之后都要把它擦拭干净。可如果是弟弟弄脏了衣服，母亲就不会责备他。

随着这名女性逐渐长大，她的很多性格特征和行为表现都与母亲的期待完全相反，不管她能否意识到，她的目的不过是用这种方式来激怒母亲。难以想象，她与母亲之间的恩怨一直持续至今。

在她八岁的时候，母亲每次朝她发火、责备她、让她完全听从自己的安排时，父亲总会站在女孩的一边。而这名女性又十分聪明，总是能想出一些讽刺的话来反驳母亲。另外，由于她的弟弟有心脏病，所以母亲会给予弟弟更多的宠爱和关注。可见，这名女性的成长过程因为父母的原因遭受过很多挫折。

后来她的神经系统开始出现问题，但是没有人知道病因是什么。病症主要表现为她总是想要谋害自己的母亲，并且这一邪恶的想法总是挥之不去，已经严重影响到她的日常生活。她为了摆脱这一想法的困扰，开始信奉宗教并沉迷其中，但是没有显著的成效。后来通过药物治疗和一些其他的方法，她的邪恶想法渐渐消失了，不幸的是留下了恐惧雷电的后遗症。

这名女性坚信是她的邪恶想法带来了电闪雷鸣，甚至相信有一天她可能因为自己的坏心思而遭到报应。这说明这名女性已经慢慢放下了对母亲的恨，她希望自己的未来能够不再被仇恨所困扰。可是，在她日后的成长过程中，一位老师的话对她产生了很大的影响，这位老师曾说过："这个女孩想做的任何事她都可以做到。"这样一句平常的话却让女孩意识到"只要是我想要的我就可以得到"，这反而再一次加剧了她想要与母亲抗争的意愿。

很快，这名女性长成了一个年轻漂亮的女人，也到了该结婚的年龄，求婚者很多，但都因为她刁钻的说话方式而选择放弃。她爱上了一个住在她家附近的比她大很多的男人，大家都以为她会嫁给他，但是男人不久之后搬走了。住在附近的人经常在背地里议论她，却没有人了解她的过去，也没有人知道她为何变成今天这样。从她很小的时候就开始了反抗母亲的战争，为了取得胜利，她变得能言善辩，甚至从此"爱"上了与人争辩的感觉。所以长大之后，她喜欢与他人进行口角之战，她不断为自己寻觅新的战场，用战斗满足自己的虚荣心，使自己感到愉悦。而她的男性气质决定了她只喜欢和她能够战胜的对手战斗。

二十六岁时，她结识了一个非常正直的男人，他不仅愿意忍受她好斗的性格，而且愿意和她认真地辩论。这名女性的亲戚们都希望她可以嫁给这个男人，但是这个男人并不是很喜欢她，她也不想嫁给他。不过两年之后，她却渐渐地接受了这个男人，并且愿意为他做任何事情，甚至成为他的仆人。她也希望能在他身上找到自己父亲的影子，无论她想要什么东西，他都可以满足她。

不幸的是，很快她就意识到自己错了。结婚后不久，她的丈夫就原形毕露，在家里什么都不做，就一直舒服地坐着边抽烟边看报纸。他每天早上出门上班，晚上准时回来吃饭，要是晚饭没有及时做好，他还会抱怨她。他要求妻子做到家里整洁干净，对他温柔体贴，做事准时准点，这一切不公平的要求都是这名女性无法忍受的。而且她和丈夫的关系远远不是她曾以为的和父亲的关系那样亲密，她所有的幻想都破灭了。她对丈夫的要求也越来越多，但是丈夫可以满足她的却越来越少。同样地，丈夫越是希望她能够好好做家务，他就会越来越觉得她做得不够好。她已经告诉他很多次，她不喜欢他，所以他没有权利要求自己为他做这些事情，但是丈夫却完全不当回事，还是不断地要求她。最终她彻底丧失了对未来的希望。曾经男人凭借自己的责任心和正直吸引了这名女性，可是在他拥有了她以后，他所有的魅力荡然无存。

虽然两个人的关系并没有随着时间而得到改善，但是这名女性还是成了一个母亲，需要承担作为母亲的责任。与此同时，她与自己母亲的关系也变得越来越糟糕，母亲对自己的女婿也非常不满意。所以，这个家里的矛盾与日俱增，从未停止，一旦丈夫做错什么事，这名女性就会不假思索地责备和抱怨。这名女性之所以会对丈夫如此不满意，本质上还是因为她无法忍受自己的女性身份。她始终觉得自己就应该是家中的"皇后"，其他人都应该像奴隶一样跟在她的身旁，以她的意愿为中心。

她现在该怎么办呢？难道她要和丈夫离婚，回到母亲身边，承认自己失败了吗？她从未想过也没有能力独立地生活，离婚无疑会摧毁她的自尊与虚荣。生活对她来说实在太难了，她一面要忍受着丈夫的要求，一面还要与母亲的洁癖和各种不合理的要求做抗争。

突然有一天，她也开始变得无比整洁有序，她可以一整天什么都不干就一直打扫。一开始母亲和丈夫看到她这样都很高兴，母亲以为自己多年来的教诲终于奏了效，丈夫看到妻子如此勤快地做家务自然也满心欢喜。但是一段时间之后，所有人都能看出她的行为有些异常。她每天都要擦洗很久，直到家里所有地方都一尘不染，周围人都对她的这种劲头感到担心，她的行为已经严重影响到其他人的生活。因为只要她擦过的地方被其他人碰过，她就必须再重新擦一遍，而且必须由她亲自来擦她才放心。

这种过于清洁的表现显然已经达到病态的程度，但是这样的行为在很多女性中又十分常见，尤其是那些对自己的女性身份不满意的女性来说，她们希望能给别人留下整洁干净的印象为自己加分。但是，对这名女性来说，家的整洁并没有减少家庭关系的矛盾，相反，她如此卖力地打扫本就不是为了家里的整洁干净，而是希望使全家人都处于混乱之中。

这名女性的情况很符合我们对于很多无法接受自己女性身份的人的了解：她们没有女性朋友，不会与他人相处，也不会站在其他人的角度来思考问题，而且这些人的行为模式往往十分相似。

未来我们应该更好地教育女孩，让她们学会接受自己的女性身份，从而可以更好地生活。但是就现在的情况而言，要想让女性完全接受自己的女性身份还存在很大的困难，因为法律和文化传统仍然默许着女性更低的身份地位，所以即使很多人在心里否认这样的事实，也无法从根本上改变这一局面。我们需要做的是学会识别社会中关于两性关系不合理的信念并与之对抗，这不仅仅是为了给予女性本应得到的尊重，更是为了保证我们的社会可以正常运行。

此外，还存在另外一种可能造成歧视女性的原因，就是女性的"年龄危机"，通常是指女性处于五十岁左右时会表现出的一些典型特征。在女性更年期时，生理的变化使她们失去了很多曾伴随她们前半生的性别特征。在这样的状态下，她们为了维持自己身心的稳定，必须付出更多的努力。但社会是残酷的，社会对一个人价值的判断完全依据他当下的表现，所以对那些年长的人，尤其是逐渐变老的女性来说，她们的生活必定要面临很多困难。当我们否认一个正在变老的女性的价值时，这不但会给女性带来伤害，而且每一个人都会受此影响，所以我们不能仅仅通过一个人在生活中的表现来评定其价值。年老必定会带来能力的下降，但一个人曾经达到过的高度不应该在其老去时就被忽略。社会没有权力因为一个人变老就判定他无权再享有精神生活和物质生活的丰富多彩，尤其对女性来说，这样的做法简直就是奴役。青春期的女孩会因为想到未来的生活而感到焦虑，年老的女性同样有权力保持女性的气质，时间无权剥夺一个人的价值与荣誉。

两性之间的对立关系

很多人的不幸福其实是我们文化本身的错误所导致的。当文化允许偏见存在时，我们就要知道这些偏见必定会反过来影响文化和社会的方方面面。女性的弱势地位必然会导致男性的社会地位更高，而不利于两性关系的和谐发展，造成两性之间的对立，最终会严重威胁甚至摧毁两性之间的友好交往。两性对立必然也不利于爱情关系的正常发展，这也是为什么现在和谐稳定的婚姻越来越少，甚至在很多孩子的印象里，婚姻是可怕的。

以上我们所总结出的对性别的各种偏见，已经严重影响了孩子对生命的理解，太多女孩把婚姻当作解决问题的紧急出口，却又只能在婚姻中看到男性与女性的丑恶嘴脸。两性之间的紧张关系已经严重影响到了日常生活，女性越来越不愿承担社会所要求她们扮演的女性角色，可男性对权力的渴望并未减少。

要想缓和两性之间的对立关系，保持友谊关系是最好的方法，因为无论让哪一方附属于另一方都是不公平的。两性之间的关系对每个人都很重要，一旦两性关系出现问题，必将造成严重的不良后果。尤其在今天，人们很容易将孩子往某一种性别气质的方向培养，而这可能会导致对另一种性别倾向的忽视和贬低，如此一来，对个人的影响是巨大的。

性别平等的教育显然是有利于解决这一问题的，但是目前还未形成一套有效的教育方法，孩子从幼儿园开始就已经展开激烈的竞争，加之社会的迅速发展，这一切都不允许我们有充分的时间来解决这个问题。越来越多的人害怕谈恋爱，而这其中的原因在很大程度上是社会要求男性必须表现出男性气质，即使表现的方式是暴力和背叛。

在恋爱关系中，过于自我必然不利于两性之间的坦诚与信任。唐璜就是一个对自己的男性气质不自信的人，所以他才会采取很多的方法来证明自己的男性气质。如果男性和女性之间无法彼此相信，那么双方必然无法坦诚相待，其结果一定是不好的。过于强调男性气质的重要性，其实就是鼓励人们勇于挑战、超越自己，不断向前，其结果很有可能会带来虚荣自负和迷恋权力，这些都无法引导我们过一种健康、正常的生活。因此，我们每个人都应该支持女性解放运动，帮助女性实现平等和自由，因为只有当女性可以接受自己的女性身份时，两性之间的对立关系才有可能真正得到缓和，人类才有可能获得真正的幸福。

变革

人们已经提出很多用以改善两性之间关系的举措，其中最为重要的一项是男女同校教育。不过人们对于这样一项举措褒贬不一，有人支持，也有人反对。支持的人认为，男女同校教育可以让男孩和女孩从小就互相了解，有利于减少对彼此的偏见，从源头上扼杀性别差异的不良影响。但是反对的人则提出，男孩和女孩在刚一入学时就已经表现出明显的差异，同校教育只会增大两性之间的差距。女孩的心智水平往往比男孩发展得更快，所以男孩在学龄期间比女孩承受的压力更大。虽然男孩认为自己应该获得更多的权力，并且能力也比女孩更高，但现实却像一个肥皂泡，使他们不相信自己确确实实拥有男性气质。所以现实生活中，同校教育只会让男孩更为焦虑，自尊水平更低。

显然这两种观点各有各的道理，但是我们必须要知道同校教育的目的是为了使两性之间的竞争可以转变为对每个人才能的培养，同校"同"的并不是老师和学生。如果老师无法正确理解同校教育的目的是为了让男性和女性可以在未来的生活与工作中互相理解、互相配合，那么这一举措必定失败。

与器官缺陷者的自卑情结类似，一个处于青春期的女孩也会因为自卑而做出过多的补偿行为。但是两者的不同在于，女孩的自卑是由周围环境造成的，而且环境给女孩带来的消极暗示与压力极强，哪怕仅仅是通过观察别人的行为，也足以使她们陷入深深的自卑之中。两性之间的不平等只会让所有人盲目地追求权力感的满足，最终两性之间的关系越来越复杂，彼此间除了偏见与误解，毫无坦诚可言，更别指望会有幸福的生活。

第八章

家庭星座

在我们了解一个人之前，首先需要做的是了解他的成长环境，也就是一个人在他的家庭星座中的位置。根据人们在家庭中身份的不同，我们才能对他们的成长经历和性格特征做出更好的判断，比如，第一个出生的孩子、最后出生的孩子或独生子女等。

长期以来，在人们的认知里，最小的孩子往往与其他孩子有着明显的差别，而且无论是神话故事、传说还是《圣经》里面，对他们的描述总是类似的。比如，他们对父母来说更为特殊，无论是年龄还是身体，他们都比其他孩子更小，相应地也会得到他人更多的关心与爱护。在他们还很弱小的时候，哥哥姐姐们已经长大，更为独立，所以最小的孩子往往在一个更为温暖的环境中长大。

在特殊待遇下长大的孩子，更希望自己能拥有与众不同的性格表现。没有孩子会愿意做最小的那个，因为"小"意味着不值得被信赖，所以每个家庭中最小的孩子通常比其他孩子更想要证明自己，他们更想要获得权力，战胜其他人，使自己成为最优秀的人。

虽然在很多家庭中，出生最晚的孩子往往能力最强，但是也有一些例外的情况。那些家中最小的孩子，他们渴望超越哥哥姐姐，但却因为缺乏能力和自信，在各种任务中表现得更差，他们通常害羞胆小，逃避责任。他们并不是不想要超越其他人，只不过能力有限，他们只能选择在与能力无关的其他事情上表现自己，以实现自己的人生目标。

在阅读很多文学作品时，读者们往往会忽视家庭中那个最小的孩子，认为他们比较自卑，而自卑在很大程度上代表着一个人心理发展的成熟度。所以从这个意义上说，最小的孩子就像那些生来就带有器官缺陷的孩子一样，虽然孩子也许感觉不到自己与其他人的不同。一个人本身的劣势并不重要，重要的是每个人对自己处境的理解与解释。童年时期对每个人的成长都至关重要，可童年又是最容易对未来留下不良影响的时期，每个人在童年时期都可能会面临很多的问题。

教育者应该做些什么呢？应该不断地满足这些孩子的虚荣心，还是应该鼓励他们勇争第一？也许这些都不利于让他们学会如何应对未来人生的困难。经验告诉我们，第一名的孩子和其他孩子没有本质上的差别，为了成为第一或者成为一个最优秀的人，我们已经精疲力竭，可是第一并不等于幸福，是不是第一，是不是最优秀的那个人其实并不重要；相反，过于追求第一的结果可能是忘记先教孩子成为一个好人。

这样一来，孩子只会考虑自己的利益，担心其他人超过自己，从而导致对同伴的嫉妒和厌恶，为自己的名次感到焦虑。家中最小的孩子从一生下来就要想着如何去追赶前面的人，如何打败他们，就像赛车手或马拉松运动员，他们骨子里有着不停追赶的信念，即使他们并不自知，行为上却表露无遗。这些排行最小的孩子，他们一生都有着比赛的精神，他们无法忍受自己走在队伍的末尾，一定要做领头的人。

虽然并不能说所有排行最小的孩子都具有以上特征，但是这些共同点仍然适用于大部分孩子。很多家中最小的孩子，他们往往会成为一个家庭中最有能力且最有成就的人，甚至像《圣经》中的约瑟夫一样，成为一个家庭的救世主。过去的很多记载都展现了一个家中小儿子的出色与优秀，但很可惜的是，在历史的传承中，很多资料都已经丢失了，这才使我们今天不得不再次对此进行证明。

当有些马拉松运动员突然遇到一个很难跨越的障碍时，他可能会选择绕过去，同样，对那些家中排行最小的孩子来说，也存在这样的情况。有些孩子胆小怯懦，遇到困难容易退缩。他们往往不够优秀，甚至一事无成，就像那些无所事事的"艺术家"一样，浪费时间也浪费生命。在任何与他人的比拼中，他们常常都会失败，所以尽量回避与他人的竞争，就算失败了也会为自己找好各种理由，比如，因为这不是他们的强项，或者是因为哥哥姐姐们总是宠着他们，限制了他们的成长。如果一个人既是家中最小的孩子，生来还带有某些身体缺陷，那么他的人生可能会更艰难，不过他完全可以以自己的弱小为借口，证明自己的不幸是有原因的。

以上所提到的关于家中最小的孩子的两种类型，都不是健康而正常的人。第一种类型的孩子，也许可以很好地适应竞争的环境，但是他们必须牺牲其他人的利益来保持自己内心的平衡；第二种类型的孩子，他们终生都需要承受着自卑带给他们的压力，无法真正地接纳自己。

另外，每个家庭中第一个出生的孩子也具有某些鲜明的特点。由于他们的心理发育最早，在所有孩子中通常处于较为有利的位置，这能够帮助他们更好地适应生活。比如，在欧洲的农场，农场主的长子在他很小的时候就知道他以后要负责掌管整个农场，所以相比于其他孩子，他可能会对自己未来的人生有更清楚的规划。其他的家庭也是一样，通常都是大儿子最后成为一家之主。对有些中产阶级或无产阶级的家庭来说，他们也许没有所有家人在一起生活的习俗，但是长子在家中通常也会被认为是更有能力的，是父母的好帮手。所以对长子来说，他们从小就被赋予了更多的信任与责任，他们相信自己是有价值的，他们可能会经常被灌输这样的思想："你是最高大的，是最强壮的，是最年长的，所以你也应该比其他人更聪明。"

如果家中最大的孩子一直沿着这样的期望发展，那么他们很可能会成为法律和秩序的守护者，或具备与此类似的某些特征。因为这样的人通常很看重权力，不仅是他们自己的权力，也包括社会中普遍的权力。所以他们会认为权力是至高无上的，应该给予尊重和保护，这类人通常较为保守。

家中第二个孩子在争夺权力的过程中与第一个孩子有明显的差别。第二个孩子需要承受来自长子的压力，所以他们天生就带有一种想要比赛或竞争的意识，尤其是如果长子已经获得了一部分权力，这会更加激发次子对于权力的争夺。在与第一个孩子争夺权力的过程中，如果第二个孩子是有能力的，那么他会选择奋勇向前，超越第一个孩子；而第一个孩子因为已经拥有权力，所以通常不会与第二个孩子有过多的争夺，除非第二个孩子的表现即将超越他时，他才会感到有些不安全。

在《圣经》中以扫和雅各分别是家中的长子与次子，他们之间以争夺权力为目的的战斗从未停止过，不过他们所争夺的并不是权力本身，而只是权力的一个"空壳子"。他们之间的战斗最终以长子的失败告终。而次子在这个过程中表现出的姿态很像是普通人所惯有的嫉妒——害怕自己被忽视、被看轻。次子为了超过长子通常会给自己设定一个远大的目标，然后将自己的一生都陷于其中。可是这真的是他们想要的吗？还是他们为了一些虚假无用的东西而毁掉了自己一生的幸福？

当然，独生子女也是十分特别的。他们没有其他兄弟姐妹作为参照，所以他们无从知道自己被教育的方式与其他人有何不同。他们的父母也没有其他的选择，只能将所有的热情寄托在这个唯一的孩子身上。这也就导致独生子女通常都比较依赖他人，总是希望其他人能告诉自己应该怎样做，时时刻刻都在寻求他人的帮助。当所有人都宠着他们，替他们摆平成长道路上的各种困难时，他们自然会在遇到困难时手足无措。他们总是众人关注的焦点，所以他们相信自己配得上任何有价值的东西。不过独生子女所特有的成长环境，也使他们很难不犯错。如果父母能意识到这一点，至少可以在一定程度上减少不幸的发生，但是独生子女的问题还是必然会存在的。

父母肯定会非常担心自己唯一的孩子的生命安全，因此表现出对孩子过多的关心，而这对孩子来说则意味着非常大的压力。当父母总是很担心孩子的安全与健康时，他们会让孩子认为这个世界充满了危险和敌意。父母为他们营造了舒服安全的生活，却让他们在困难来临时不知如何应对。生活就像一场灾难，部分独生子女很可能会变成社会的寄生虫，终日享乐，一事无成。

除了以上这几种特殊类型，一个家庭中还可能有很多种子女组合的方式，其中问题较大的一种组合是一个家庭中有几个女孩却只有一个男孩。在这样的家庭里女性气质占主导，男孩在很多女性的控制下，要想出类拔萃必定会遇到很多困难。来自姐妹们的压力使他很难获得男性的特权感。所以这类孩子最大的特点就是长期缺乏安全感，难以正视自己。他作为家中唯一的男孩，需要承受着家里其他女性赋予他的责任与义务，这在一定程度上可能会给他留下男性就应该地位更低的印象。在这样的环境下，他要么渐渐丢掉了勇气和自信，要么就会向另一个过分追求成功的极端发展。但无论是哪种结果，其原因都是相同的。

由此可见，一个人在家中的排行或地位对他以后的性格、能力等特质的影响非常大。虽然过于强调遗传对个体的影响可能会抹杀教育的意义，但是遗传的影响又是那么显而易见，就算一个孩子从出生就离开了亲生父母，但是长大后他还是会具有某些与父母相似的特征。如果一个孩子天生就有某些身体缺陷，那么他日后肯定会因此遇到很多发育或成长的问题。

就像一个天生身体很弱的孩子，他在适应环境的过程中必然会面对很多挫折和压力，如果他的父亲也和他一样天生就带有某些身体缺陷，那么这个孩子肯定会和他的父亲十分相似，无论是他们的性格还是他们在成长中可能会遇到的困难。从这一角度来说，后天性遗传理论似乎就有些站不住脚了。

根据前文所述，我们认为一个孩子在成长过程中肯定会犯错误，而这些错误导致的最严重的后果是他们过于渴望超越自己的同伴，希望获得更多的权力来证明自己的优势。这也验证了我们的文化存在的一个弊端，它要求每个人都必须按照一个固定的模式来成长，如果想要摆脱这种不利于人类的发展模式，我们就必须知道一个人在成长过程中可能会遇到哪些问题，以及如何解决这些问题。目前，我们认为可以解决这个问题的一个方法就是发展个人的社会意识。如果人们的社会意识可以得到很好的发展，那么这些由家庭因素导致的问题就可以被解决。但是这在我们的文化中是相对较难的，所以孩子成长过程中所遭遇的那些问题才会对他们成年后的生活产生如此重要的影响。正因如此，我们经常可以看到，有些人积极地为自己的生活打拼，而有些人的生活则充满了悲哀与绝望。这些人也是受害者，他们因为过往不幸的经历而对生活采取了错误的态度。

当我们了解了这些以后，我们应该在以后的生活中更温柔谦逊地对待他人，不对他人的价值做任何道德判断。我们需要更多地从社会意义的层面去了解他人，对那些被不幸误导的人们，我们可能比他们自己更了解他们。这也是教育的一个新的意义。当我们能够找出导致人们走向错误人生的原因时，才有可能提出更好的改进方法。通过分析一个人心理结构的发展，我们不仅可以了解他的过去，还可以推测他的未来。关于人性的研究就是为了让我们可以透过每个人的外在，去了解他丰富生动的内心，那才是他最真实的样子。

阿德勒认为，我们对世界的理解程度决定我们对世界的态度，我们的命运也由自己的内心决定。因此，理解并解决人性问题对我们来说至关重要，它是我们建立社会关系的基础，是生活融洽的前提。

02

第二部分　掌控人类性格

Adler believes that our understanding of the world
determines our attitude towards the world, and our fate
is also determined by our own hearts. Therefore, it is
essential for us to understand and solve human nature
problems. It is the basis for our social relations and the
premise for our harmonious life.

第一章

概　述

性格的本质

　　性格体现的是一个人在适应世界的过程中所形成的某种特定的表达方式，是一个人与周围环境的关系，属于人的一种社会属性。所以，如果想要分析《鲁滨孙漂流记》中鲁滨孙的性格，我们必须考虑他的生存环境。

　　上文已多次提到，人们在设定自己的人生目标时通常会受到权力的影响，人们的世界观、行为模式以及在特定情况下的心理过程又会受到人生目标的影响。相比之下，性格则是每个人生活方式和行为模式的外在表现形式，或者说是每个人内心的外在表达。所以通过性格，我们可以了解一个人对待他人和社会，以及应对困难时的态度。性格是人们生活中的一种技巧或工具，好的性格可以帮助人们获得他人的认可和重视。

　　性格并不是像很多人所认为的那样完全由遗传决定。性格的形成其实是为了更好地适应生存，所以人们才将性格特征以自动化的形式进行编码和表达。所以，性格并不是某种遗传倾向的体现，而是人们为了维持生活中某种习惯所形成的。比如，一个懒惰的孩子并不是一出生就懒惰，而是因为他发现懒惰可以让生活更轻松，而且这样一来他还会体验到一种权力感和重要性。有先天性缺陷的人在失败时常常用自己的缺陷作为借口以维护尊严："如果我没有缺陷，我一定可以表现得更出色。"还有一些人为了争夺权力与生活不停地战斗着，他们因此表现出好胜心强、嫉妒、猜疑等性格特征。性格与人格在很多时候是类似的，不同之处在于性格不是由遗传决定的，并且是可以改变的。在经过深入的研究与调查后，我们认为性格可以影响人们的行为模式，这种影响从人们很小的时候就已经开始。但是性格本身始终受到人生目标的指引，所以性格不是决定个体行为模式的最根本因素。

前文中我们已多次提到，一个人的生活方式和行为模式与他的人生目标关系密切。每个人的目标在童年时期已经确立，它影响着我们的心理发展，决定着我们的想法和行为。人生目标贯穿了每个人的一生，是我们与他人有着不同性格的原因。所以，如果我们想要了解一个人，想要理解人性，最根本的方法还是了解他的人生目标。

遗传对心理现象和性格特征的影响相对较小，但是现实经验又不足以支持环境论的观点。每个人从出生的第一天起就具有的某些特征似乎就是遗传的结果。但是一个家庭、一个国家或一个种族中的人们往往有着某些共同的性格特征，这说明性格特征还可能通过模仿或者认同他人而表现得与他人相似。对青少年来说，文化中的某些特殊表达或形式会严重影响他们的身体和心理，而这种影响就是通过模仿来实现的。比如，一个孩子对知识有着非常强烈的渴望，他在行为上的表现可能是用眼睛到处看，但对一些视力存在问题的孩子来说，则会表现为对万物的好奇。当然，即使对知识很渴望也不一定会让孩子出现某种特定的性格特征。但是如果知识变成了孩子的一种需求，那么这个孩子就可能会通过不断探索知识、理解知识、掌握知识来满足自己，这样一来他很可能会成为一个书呆子。

同样，一些有听力障碍的人往往比正常人面临着更大的生存威胁，所以他们需要格外注意在环境中发生的危险。其他人还可能因为他们的缺陷而嘲笑和侮辱他们，这些因素都会导致他们形成多疑的性格。所以如果一个听力有困难的人性格多疑，我们不能认为他天生就是这样，因为听不到生活中的很多欢乐，就会怨恨和怀疑生活。还有一个例子是，一个罪犯的家里往往会出很多个罪犯，并不是因为这个家庭遗传了某种易犯罪的性格特征，而是因为这种家庭中的孩子在很小的时候就被灌输了"偷东西可以作为一种谋生的手段"的观念。

　　每个孩子在成长的过程中都会面临很多困难，每个人都希望得到他人的认可，肯定自己的价值，但是每个人证明自己的方法都是不同的。为什么孩子的性格往往与父母相同？因为我们在解决困难的过程中必然会参照周围环境中其他人的方法，而父母就是离我们最近又最理想的参照模型。每一代人都是如此，他们学习和继承着上一辈人在面对人生的困难与挑战时的应对方式。

　　追求优越是每个人的人生目标，但是社会意识的存在让我们不得不将这一目标隐藏在"友好"的面具之后，如果我们想要了解人性就不应被面具所迷惑。当我们擦亮眼睛，看到每个人在面具后的真面目时，就会看到每个人都在用面具挡住自己想要夺取权力的野心。想让其他人放下面具的前提是我们先看清自己的野心并先摘下面具，只有这样，其他人才可能揭掉自己的面具。当所有人都愿意放下面具时，人与人的关系会更加亲近，也会更有利于我们理解人性。

　　要想帮助人们更好地适应生活，教育是一条出路。但是当下人们所生活的文化环境过于复杂，要想找到有效的教育方法还很困难。目前，学校教育的意义还只是停留在给孩子传授知识，然后让他们自己消化知识的阶段，对孩子兴趣的引导还很欠缺，更不要说是否考虑过孩子心理的发展。甚至对很多学校而言，能传授好知识已然是不错的了。显然我们现在还不具备了解人性的基本前提。在学校里，我们有很多标准来评定一个学生是好学生还是坏学生，我们学会了很多对人进行分类的方法，但是我们不知道如何教一个坏学生成为好学生，坏学生难道一辈子就只能是"坏"的？

即使我们长大了，那些童年时的偏见与歧视却仍然会深深地影响着我们，甚至我们早已将这些看成一种无法改变的真理，却没有意识到自己早已陷入了文化的困境中。最后，不得不以维护自尊的理由来解释一切，然后自以为内心已经变得强大。

社会意识对性格的影响

社会意识对性格的形成起着重要的作用。从童年时期开始，孩子就需要通过与他人建立联系来满足人际交往的需要，就像对荣誉与权力的渴望一样，每个人都渴望得到他人的关心与爱。在本书的第一部分我们已经阐述了个体社会意识的发展过程，下面让我们简单地回顾一下社会意识的发展受到自卑以及对自卑补偿的影响。为了确保生活的安稳与幸福，人们对自卑感尤为敏感，一旦感受到自卑时，就会立即启动自卑补偿机制，满足安全感的需要。所以，面对一个自卑的孩子，我们应该尽可能地让他看到生活的快乐与美好，而不是生活的悲苦与不易。但是现实情况并非如此，很多孩子因为经济条件的原因生活得十分艰难，他们无法改变贫穷而匮乏的生活。除此之外，身体残疾也会使人们无法正常生活。所以我们需要教这些身体残疾的孩子如何生存，如何维护自己的权利。不过很可能即使我们非常努力地帮助他们，也无法阻止生活的苦难在这些孩子身上践踏。这些苦难使他们的生活更加不易，甚至逐渐扭曲他们的社会意识。

社会意识是我们评定一个人的标准，能帮助我们了解他人的思想和行为。在人类社会中，每个人都需要与社会、他人保持联系。人类作为群体性动物，必然要遵守群体性的生存法则。在群体生活中，需要制定某一标准来帮助人们评估他人，而社会意识的发展程度常常被认为是普遍有效的且唯一的判断标准。任何人都有社会意识，没有人可以完全不承担哪怕一点点对他人的责任。也许社会意识并不总是出现在每个人的意识层面，但它一定以某种隐蔽的方式存在于每个人的内心，甚至可以说人们所有行为的发生都需要经过社会意识的确认。从无意识层面看，一切思想和行为的出现都是为了维护社会的和谐统一。所以在生活中的很多现象，人们思考和行为的方式都与社会意识有关，或是与人们想要建立社会联系的目的有关。由此可见，社会意识虽然是每个人行为背后的真正动机，但却经常被遮蔽起来，使我们很难对他人或其行为进行评估，相应地也为我们科学地了解人性增加了难度。比如，下面的例子向我们很好地展现了人们如何掩盖自己的社会意识。

一个年轻人说他曾和几个朋友一起去一座小岛上玩。有一天，他的一个朋友走在悬崖边上突然失去了平衡，掉入了海中。但是这个年轻人看着自己的朋友掉到海里却没有救他。他后来回忆这件事时，也没觉得自己的行为有任何不妥。还好掉入海里的那个人最终获救了。由此我们可以看出，讲述故事的这个年轻人的社会意识非常薄弱。尽管一个人可能从来没有伤害过其他人，或者平时对朋友的态度很友好，但是我们并不能因此认为他具有很高的社会意识。

此外，根据这个年轻人平时经常做的白日梦的内容，可以进一步证实我们的判断。在他的白日梦中，他经常梦到自己出现在森林中一个与世隔绝的小房子里。他也经常在绘画时画出这幅场景。根据他的白日梦与之前的经历，我们很容易得出他缺乏社会意识的结论。而且这种想法既然已经出现在他的白日梦中，就说明已经到达了他的意识层面。他可以根据自己的内心想法控制行为，在往后的人生选择中也可以更好地遵从自己的内心。

我们再次强调，对一个人的性格的了解必须建立在他的成长经历与生活环境的基础之上。如果我们妄想只根据一个人的身体状况、生存环境或教育经历等某种单一的因素判断其性格，那么我们必然会得出错误的结论。如果我们可以基于此进而对自己有更好的了解时，就可以生活得更轻松，并且能够找到真正适合自己的生活方式和行为模式，也可以给孩子树立更好的榜样，使他们避免发生一些严重的错误。我们也不会再认为一个人不幸的命运就应该完全归责于他的家庭、遗传或环境，每个人都是被生活中各种因素影响的复杂个体，只有我们自己才是自己命运的主人。当每个人都可以意识到这一真理时，人类的文明必将前进一大步。

性格发展的方向

每个人童年时期的心理发展方向决定了他成年后的性格特征。而心理发展的方向分为两种，一种是"直线型"，另一种是"曲线型"。比如，当一个孩子想要通过努力实现自己的人生目标时，他通常会表现出积极进取和勇敢无畏的性格特征。但是成长过程中的困难很可能会阻碍他实现自己的人生目标，为了克服这些困难，孩子相应地会发展出其他的性格特征。不过，还有一些困难是无法克服的，如身体缺陷或生活给予我们的重击，这时这些经历也会影响性格的发展方向。在这个过程中，老师对于孩子的影响非常重要，老师如何教育孩子以及老师的情绪本身都会对孩子的性格产生重要影响。学校教育决定孩子未来的社会生活，以及是否能够适应主流文化。

孩子在成长过程中的各种困难都会对性格的形成造成不良影响。当一个孩子的心理发展偏离正常轨道时，可能会有两种结果。一种结果是孩子选择"直线型"的发展，直面困难，扫除实现目标过程中的各种阻碍。另一种结果则比较糟糕，也就是"曲线型"的发展，有些孩子在面对困难时过于小心谨慎，选择不与困难正面对抗，而是绕道而行。如此一来，这些孩子的性格是否能够正常发展将会受到很多因素的影响，比如，他是否过于小心谨慎，是否清楚自己的需求，以及是否能够回避某些欲望的干扰等。所以，这些孩子很难不偏离心理发展的正轨。如果一个人不敢直面困难和挑战，他必定会变得胆怯懦弱，不敢看其他人的眼睛，也不敢说真话。但是在其行为背后，他们与那些勇敢之人的人生目标其实别无两样。

直线型和曲线型这两种性格发展的轨迹并不是互斥的两极，它们有可能存在于同一个人身上。尤其当一个孩子对自己的人生目标还不太清晰，人生规划也没有那么具体时，他很可能不会沿着一条路直直地走下去，当发现一条路行不通时就会选择其他的路。

为了适应社会生活，我们必须具备某些相应的性格特征。比如，和善的父母知道如何教育孩子更好地适应社会生活；父母若都比较淡泊名利，他们也就不会给孩子施加过多的压力，家庭矛盾也会相应减少；如果父母对孩子的发展规律还有所了解，那么就可以更好地帮助孩子面对困难，避免他们形成一些不良的性格特征，比如，勇敢变成鲁莽，或者将独立理解为自私。如果父母对孩子十分了解，甚至还可以识别出孩子是否只是假装听话，表面上很服从。积极正面的教育可以避免孩子封闭自己，让孩子敢说真话、说实话。在教育过程中，施加给孩子的压力对他们来说其实是一把双刃剑。虽然在压力下孩子会表现得很听话，但实际上在他们的内心深处，这些压力会直接或间接地对他们的性格产生影响。一个孩子没有办法去评判他所处的外界环境，而成人有时对他们的处境也一无所知，即使知道了也无法理解其中的内在原因。但是我们要知道，每个人在成长的过程中所遭遇的困难以及在面对困难时的反应，最终都会影响其性格的形成。

除了上述"直线型"和"曲线型"两种心理发展趋势，根据人们面对困难时的应对风格，我们还可以将人们分为乐观主义者和悲观主义者两种类型。首先，大部分乐观主义者的性格发展过程都是较为平坦和顺利的，也就是以直线型的方向发展。他们勇敢地面对人生中的各种困难，相信自己，轻松愉快地面对生活。他们对自己有着较高的评价，既不看轻也不贬低自己。所以相比于那些认为自己不行的人来说，他们更有能力处理好生活中的各种困难。即使面对一些难以解决的问题，乐观主义者也总是相信问题迟早会迎刃而解。

其次，乐观主义者的行为举止非常鲜明。他们可以自由而开放地谈论，既不夸夸其谈也不谨小慎微。在乐观主义者的身边，我们很容易被他们感染，和他们成为朋友。他们的人际交往能力很强，善于交朋友，对朋友也十分信任。他们在与人交往时的态度和行为举止总是很轻松自在。虽然成人中乐观主义者的特征已不像孩子那样典型，但是乐观的确可以正向预测一个人的社会交往能力。

乐观主义者的对立面是悲观主义者，他们的存在使教育出现了很多问题。童年时期的经历导致悲观主义者在长大后出现了"自卑情结"，生活带给他们的最大印象就是不易。因为童年时期的悲惨遭遇，他们总是盯着生活的阴暗面不放，信奉悲观的个人哲学。相比于乐观主义者，在悲观主义者的眼中问题总是比方法多，他们随时都可能面对困难却没了勇气。无论何时，他们都会觉得自己缺乏安全感，然后不断寻求着来自他人的支持，以防自己落入孤独的黑暗中。当他们还是孩子时，就非常依赖自己的妈妈，只要一离开妈妈就会大哭；即使到了年老的时候，他们偶尔还能听到自己在找妈妈的哭声。

悲观主义者非常谨慎，甚至谨慎到胆小怯懦的程度。悲观主义者总是沉浸在幻想那些可能发生却还未发生的危险之中。这类人的睡眠质量一定不好，而睡眠是衡量一个人心理发展的重要指标，比如，那些缺乏安全感的人通常都患有某些睡眠障碍。悲观主义者过于谨慎的表现就好像他们是捍卫生命的"守护者"，为了让自己免受生活的威胁而想尽办法保护自己。对他们来说，生活的美好与快乐实在太少又太难以发现。一个睡不好的人自然无法好好生活。当一个人确信自己的生活充满了困难与危险时，他怎么可能敢睡觉，睡觉对他来说就是一种折磨。生活就像是悲观主义者的敌人，他们不知道如何应对生活，也不知道如何好好生活。比如，有些人可能会反复地检查自己的房门有没有锁好，或者总是会梦到小偷和强盗，这些人很可能就是悲观主义者。还有一种方法是根据一个人睡觉时的姿势来判断他是否是悲观主义者。通常，悲观主义者在睡觉时都会将自己蜷缩起来或者用被子蒙住自己的头。

除了乐观主义和悲观主义的划分方式，还可以用攻击型和防御型将人分为两种类型。攻击型的人性格暴躁，为了向世界展现自己的能力，摆脱自己的不安全感，他们往往会误将勇敢变成鲁莽。当他们想要尽力抑制住自己的恐惧时，要么会夸大自己的男性气质，要么不表现出任何温柔的感觉，因为他们太害怕让其他人看出自己的软弱。如果攻击型的人同时还比较悲观，那么他们很可能陷入与世界为敌的状态，既不会同情他人也无法与人合作。同时，攻击型的人通常还会高估自己的价值，骄傲自大、自我膨胀。他们自以为无所不能，实则所做的一切不仅说明了自己无法与他人友好相处，还暴露了他们内心深处强烈的不安全感。如此一来，他们对待任何事情都会表现出侵略性。

对攻击型的人来说，成长的过程必定是艰难的。因为以人类社会的价值标准，攻击型的人不会被优待，没有人会喜欢攻击性强的人。但是他们又想要获得较高的社会地位，所以最后往往会陷入与其他同类型人的竞争之中。生活对他们来说不过意味着一些大大小小的战斗，一旦他们遭遇无法避免的失败，他们将否定自己曾经所有的成功。因此，他们会担心自己无法一直取得胜利，因为一旦失败就无可挽回。

如果攻击型的人总是失败，这些失败则可能让他们从攻击型转变为另一种类型——被攻击型。这种类型的人常常感觉自己受到攻击，因而总是处于防御的状态，所以他们被称为防御型的人。他们与攻击型的人的不同在于，为了补偿自己的不安全感，他们不是攻击他人，而是以焦虑、预防和谨慎的姿态对人、对事。有些人之所以会表现出防御型的性格特征，是因为他们之前尝试过攻击型的态度，但是最终失败了，所以他们非常害怕再次失败。虽然这样的推断有些不合常理，但防御型的人只有通过这种方法才能很好地掩盖自己内心的叛逆。

防御型的人经常通过幻想或回忆的方式逃避现实，找寻自己的内心。比如，他们中的一些人可能会选择做一些于社会无益的事情来保持自己的初心，很多艺术家就属于这种类型。他们早已脱离了现实，用幻想为自己创造了一个没有失败的世界。在这些艺术家的生活里，困难早已将他们降服，生活除了失败还是失败，他们害怕任何人、任何事，他们不相信这个世界，甚至仇视这个世界。

在人类社会中，自己的经历和其他人的经历都会影响防御型的人的态度，当看到其他人受苦时，他们会失去对美好生活的信念。防御型的人的一个共同特征就是具备批判性。这种批判性态度常常使他们能够发现别人难以察觉的缺点。但是，作为人类的"法官"，他们所做的不过是一直忙着批判他人，扰乱他人的生活，实际上并不会为社会作出任何贡献。他们不信任他人，因为这只会增加他们自己的焦虑和顾虑，甚至不敢做任何决定。一个比喻可以很好地描述这类人：他们就像是一个举起一只手准备捍卫自己的人，但另一只手却捂住了自己的眼睛，因为他不想面对任何危险。

此外，防御型的人还有其他一些令人讨厌的性格特征。比如，因为他们不相信自己，所以他们也不会信任他人，由此导致他们普遍存在嫉妒和贪婪的性格特征。他们既不愿意为他人创造快乐，也不愿意与他人共享幸福，所以他们注定孤苦伶仃。更有甚者，即使是陌生人的快乐也会伤害到他们。为了超过他人，他们很可能会使用一些伎俩，比如，通过伪装自己的行为，让他人看不出自己对人类天生的敌意。

传统心理学的观点

在了解人性的过程中，我们并不需要熟知目前人性研究的进展，一些常用的方法是，比如，根据一个人心理发展的特点将其分类，就可以帮助我们初步快速地了解人性。例如，有些人喜欢沉思和反省，生活在自己幻想的世界中，远离现实生活。相比那些很少或不会沉思的人，他们更容易停滞在"想"的阶段，难以付诸行动来真正地解决问题。如果用传统心理学来解释这种现象，那么很快就可以得出一个结论：之所以会出现这样的情况，是因为有些人的幻想能力强，有些人的实践能力强。但是这样的解释无法称为真正的科学，我们需要了解的是这些现象发生的原因是什么，这是必然发生的还是可以避免的。所以，即使将人分类的方法可以帮助我们了解一个人，但是这种人为的、粗浅的分类方法对人性研究毫无意义。

因此，个体心理学对于理解人性的重要贡献就在于，它抓住了影响心理发展的源头——童年。并且个体心理学提出，每个人心理现象的表达完全或部分地受到社会意识和权力争夺的影响，这正是了解人性的关键。仅仅根据这一普遍适用的概念同样可以将人分为不同的类型，但不同的是这样的分类结果将适用于所有人。不言而喻，心理学研究需要心理学家有一定的专业技能，同时要足够谨慎，最终得到一个可以被广泛应用的结论。个体心理学采用社会意识和权力争夺作为人的分类标准，有效之处在于，如果一个人的社会意识较强，那么他就不会过于追求个人权力的满足；相反，如果一个人的权力欲求较高，他往往会是一个利己主义者，做任何事情的目的都是使自己超越他人。以这样的标准来看，我们之前很可能对某些人的性格特征有所误解。如果我们可以基于此更好地了解人的性格特征和行为模式，那么将更有利于控制和改变他人的行为。

气质与内分泌

现在所说的心理现象或特征，在以前则被称为"气质"。"气质"一词听起来有点儿难以理解，它是形容一个人思考、说话或行为的方式吗？还是一个人在完成某项任务时的特点？显然，心理学家对气质的本质了解得并不是很充分。自古以来，提到气质时一定会提到四种气质类型，而这四种气质类型也正是人类心理研究的起源。古希腊时期的学者希波克拉底首次提出四种气质类型，分别是多血质、胆汁质、抑郁质和粘液质。后来，这一理论被罗马人传承下来，一直到今天都被心理学界奉为经典。

多血质的人享受生活，对任何事情都不会太较真，他们总能看到事情美好的一面，悲伤时不致悲痛欲绝，快乐时也不会得意忘形。所以，这种类型在四种气质类型中应该是最健康的，这类人不存在严重的心理缺陷。

胆汁质的人曾在文学作品中被这样描述：当一块石头挡住了路，具有胆汁质特征的人会将石头狠狠地踢开，而多血质的人则轻松地从旁边绕开。个体心理学对于胆汁质类型的人也有所解释，认为胆汁质的人过于追求权力，所以他们会表现出更多的暴力和冲动，并且时时刻刻都想要向他人证明自己的权力。这类人在克服困难的过程中通常会采取"直线型"的攻击方式，直接表现自己的勇敢无畏。事实上，这类人之所以行为举止如此激烈是因为他们童年时缺少权力感的满足，所以在长大后才会不断地通过补偿来证明自己拥有权力。

还是刚才的那块石头，如果是抑郁质的人看到这块挡着路的石头，他会想自己是否做错了什么，接着因为回想自己过往的人生而越来越悲伤，最后原路返回。个体心理学认为这种气质类型的人是典型的神经质人格，他们不相信自己可以克服困难，取得成功；更不愿意承担任何风险，他们宁愿站在原地不动也不会为了实现目标做出任何努力。即使他们终于下定决心向前迈出一步，那也必定是万分小心谨慎的一步。对于这类人的一生，"怀疑一切"是他们的座右铭。他们通常只考虑自己，不愿与其他人有过多的联系。但也因为过度关注自我，他们喜欢沉浸于过去，做一些毫无意义的内省。

粘液质的人很像是生活的陌生人，很难找到某些恰当的词语来形容他们。他们几乎不会给其他人留下什么印象，他们对任何事情都不感兴趣，没有朋友，也不热爱生活。总之，在四种气质类型中，粘液质的人也许是最没有生机的。

总结来看，似乎只有多血质的人可以算作健康正常的，但是现实中只有极少数的人确定属于某一种特定的类型，大部分人都是两种或多种不同气质的混合体，所以并不具备某一种气质的典型特征。而且一个人的"类型"或"气质"本身也不是固定的，随着个体的成长，一种气质可以转变为另一种气质。比如，一个人小时候属于胆汁质，长大后逐渐变成抑郁质，年老时又变成粘液质，这都是有可能的。而在四种气质类型中，多血质的人童年时期的自卑感最低，身体最健康，遭受的挫折也最少，只有这样他们才有可能顺利地长大，一直保持着对生活的热爱，坚定地走完一生。

　　站在科学的视角，气质其实取决于个体的内分泌系统。最新的医学研究已经逐渐意识到内分泌系统对人的重要意义，比如，甲状腺、垂体、肾上腺、甲状旁腺、睾丸、卵巢以及其他的一些组织结构。这些内分泌腺体没有导管，可以直接将分泌物输送到血液中。目前，对于这些内分泌腺体的具体功能有待进一步明晰。

　　到目前为止，通过对内分泌系统的研究能够明确的是，内分泌物可以通过血液运输到身体的每一个细胞，进而影响器官和组织的生长发育。这些内分泌物对每个生命体都至关重要，它们可以起到激活剂或解毒剂的作用。但是对内分泌腺体的研究还处于起步阶段，对其功能的了解仍然非常有限。不过，既然我们已经意识到性格和气质的形成都与内分泌系统有关，那么这方面的研究已然刻不容缓。下面我们将对此进行进一步的介绍。

　　需要说明的是，有些气质类型的形成与内分泌系统并无直接联系。比如，呆小病是因为甲状腺功能减退引起的，这类人的确也会出现与粘液质类似的心理特征。但是这一结果是生理异常导致的，比如，呆小病患者会有头发生长缓慢、身体浮肿、皮肤粗糙、行动迟钝的症状，进而导致心理敏感性下降，自主性降低。

如果我们将上述症状与粘液质的人进行比较就会发现，粘液质的人并没有明显的甲状腺病变，而且这两种人的性格特征也不完全相同。也许甲状腺分泌物的确可以帮助人们维持一定的心理功能，但是我们不能总结为由于甲状腺分泌物的减少而导致个体具有粘液质的气质。

因病理性原因导致个体表现出与粘液质类似的性格特征，与我们通常所说的粘液质气质是截然不同的。粘液质气质完全由心理因素导致，与个体的成长经历有关。心理学家之所以对粘液质类型的人很感兴趣，是因为他们看似平静的外表背后往往隐藏着一些深刻而激烈的心理过程。具有粘液质气质的人不可能一辈子都是这种类型，这一气质不过是他们的一个保护壳，或者说是一种防御机制。这类人通常都过于敏感，他们十分了解如何在自己和外部世界之间设防。所以，粘液质气质作为一种防御机制，是个体为了更好地应对生存挑战而做出的有意义的反应，这与那些因呆小病导致的迟缓、愚钝、懒惰是截然不同的。

虽然很多粘液质类型的人之前都有过甲状腺功能不足的情况，但这并不是问题的关键所在。实际上，决定一个人形成某种气质的原因是非常复杂的，受到个体内在的器官系统和外在的环境因素的共同影响。粘液质起源于自卑，具有这种气质类型的人其实是希望通过此种方式保护自己免受伤害以维护自尊。但是这一原因只适用于我们通常所说的粘液质气质的人。如果是因为甲状腺功能不足引起的器官缺陷，那么器官缺陷对一个人的影响更大。器官缺陷会促进个体想要通过某种方式补偿因缺陷导致的自卑感，而补偿的结果刚好与粘液质的气质特征相似。

内分泌系统的异常对一个人的气质特征有着重要的影响。比如，因甲状腺分泌旺盛而患有甲状腺肿的人，他们在生理症状上往往表现为心脏活动剧烈、心率过快、眼球凸出、甲状腺肿大并时常或偶尔出现手脚颤抖。患有甲状腺肿的人容易出汗，加上甲状腺分泌物还会作用于胰腺，所以这类人的消化系统也较差。正是在这些生理症状的影响下，甲状腺肿的患者异常敏感，他们遇事急躁，容易被激怒，与焦虑症的表现类似，因而经常会出现将甲状腺肿的患者误诊为焦虑症的情况。

因甲状腺肿导致的焦虑症状与焦虑症本身有着本质上的差异。甲状腺肿的患者因为生理原因无法完成某些脑力劳动或体力劳动，他们身体虚弱，容易疲劳。焦虑症与此完全不同，它是由过往经历导致的一系列焦虑症状，只与心理因素有关。虽然二者在行为表现上具有很大的相似性，但在本质上甲状腺肿患者的行为不具有任何目的性或计划性，不符合对个体性格和气质评定的基本指标。

除甲状腺外，其他内分泌腺体对心理的影响也十分重要。尤其是各种内分泌腺体与性腺——睾丸和卵巢之间的关系对个体的发展尤为重要。根据生物学研究的基本准则，任何内分泌腺体的异常都与性腺的异常有关，但是目前还未搞清楚二者之间联系如此密切的原因。我们认为这可能与器官缺陷的推论类似。当一个人的性腺功能异常时，他会感觉自己难以适应生活，为了帮助自己更好地适应，他只能通过心理补偿或防御机制来减少因缺陷给自己造成的不良影响。

目前，有些热衷于内分泌腺体研究的研究者猜测，个体的性格和气质完全由性腺的功能决定。但是临床实践的结果表明，被诊断为睾丸或卵巢异常或病变的案例很少。所以除了病理性原因，必然还存在某些特殊的情况需要进一步探究。内分泌学家认为，目前虽然还未发现任何心理特征与性腺功能缺陷直接相关，也没有足够的证据表明内分泌系统是影响一个人性格形成的基础，但是毫无疑问，机体的生长必然会受到性腺功能的影响，如可以改变孩子与周围环境相处时的状态。不过现在的问题在于，我们无法确定影响个体性格形成的因素是否完全由性腺决定，还是由机体中的其他组织器官决定；如果存在某些生理因素的影响，那它们是否是决定性格形成的基础。

评定他人是一件困难但又重要的事情，一旦我们做出了错误的判断，很可能会影响一个人的一生，甚至决定了他的生死存亡，因此我们必须在这里告诫大家。对那些有先天缺陷的孩子来说，他们很可能会采取一些补偿性的手段来弥补自己的自卑，而补偿的结果往往是扭曲了一个人的心理发展。如何避免扭曲？我们要知道，任何生理因素带给我们的影响都是可以自主选择的，即使是器官缺陷也并非一定会改变人的一生。但是问题在于，没有人愿意去教那些有器官缺陷的孩子学会不受其影响。好比一个人面临着重重的困难险阻，却没有人愿意给予他任何帮助，大家只顾着在旁边分析他、观察他，这正是特质心理学的问题所在。而基于个体心理学所创建的情境心理学则很好地避免了这种问题的出现。

总结

在讨论每种具体的性格特征之前，我们需要再次说明，从情境和关系中抽离出的单独的心理线索绝对无益于帮助我们理解人性。要想理解人性，最起码也要通过对两种心理现象进行对比，并且最好尽可能使这两种心理现象的间隔时间最长，所属的行为模式也要尽可能一致。目前，这样的方法已经被证明是有效的，通过尽可能多地汇集对一个人的印象，并将其按照系统化的方法统一整理，可以帮助我们很好地了解一个人的性格。很多心理学家和教育学者都曾因为这个问题而感到困扰，当他们只依据单一的现象来评判一个人时，通常都不会得到有效的结果。当然，最好的方法是通过我们对一个人进行不断深入地了解之后，用那些可以评判他的关键信息构成一个统一的系统，然后做出更清晰准确的评价。但是这一过程必须有很强的科学依据，而现实情况往往是，当我们对一个人有了更深的了解之后，我们很可能会改变之前对他的判断。这也启发我们，在教育改革之前需要明晰对受教者的评判系统，这样教育改革才可能发挥作用。

关于如何构建这样一个系统，我们已经讨论了各种方法，并且通过自身或其他人的例子加以说明。但是如果想让这个系统更加完整，一定不可缺少的就是社会因素。毕竟脱离了社会关系来谈个人的心理是毫无意义的，社会生活是我们每个人生活的基础。"性格从来不是评判一个人道德水平的标准，但是性格可以体现一个人的生活态度，体现他与社会的关系。"

通过概述以上观点，我们总结了评判一个人性格特征的两种方法。首先，人与人之间联系的纽带其实是普遍存在的社会意识，社会意识是人类文明中所有成就的基础。社会意识是评判一个人心理发展水平的唯一有效标准，反过来也可以根据心理发育程度判断一个人的社会意识的高低。社会意识对于理解人性的意义在于，它可以让我们知道一个人在社会中的位置、对待其他人的方式，以及如何展现自己存在的重要性。其次，评判性格的标准是权力意识，如果一个人过于追求个人权力和成功，那么他对待社会和他人的态度就是敌对的。综上，要想评判一个人的性格，只需要综合考虑其社会意识和权力意识的大小。二者互为对立，就像平行四边形的对立点，两种因素互相对抗，经过动态平衡最终所形成的图形就是一个人的性格。

虚荣与野心

当一个人过于渴望得到他人的承认和认可时，他的内心必然承受着极大的压力。他极度追求权力和优越感的满足，甚至不惜采取暴力的方式也要取得最终的胜利。但是长此以往，这类人会完全受控于他人对自己的评价，十分在意给他人留下的印象，导致自己无法正常生活，脱离现实。过分在意他人的想法往往会限制自己，最典型的性格表现就是虚荣。

实际上，每个人都有虚荣心，只是程度不同，当然，过度虚荣肯定是不好的。所以，人们习惯将自己的虚荣心伪装起来，使虚荣有了很多的"变形"，比如，有时虚荣会表现为谦虚。一个非常虚荣的人也可能从来不在乎其他人对自己的评价，就像有些谦虚的人不过是在利用大家的赞美来满足自己的虚荣心。

当一个人的虚荣超出了一定的界限时就会非常危险。虚荣不仅会让一个人只关注事物的表面，不做实事，还会让他只考虑自己，或者说只考虑其他人对他的看法，最终导致一个人离现实世界越来越远。虚荣的人不会知道人际交往的意义所在，虚荣让他忘记了做人的本分和生命的责任。虚荣之所以会对人的发展有如此不良的影响，是因为一个虚荣的人做任何事或面对任何人都会想："我能从中获得什么？"

很多人不愿承认自己是虚荣的，就把"虚荣"换成野心或骄傲。多少人因为自己的雄心壮志而感到自豪，他们认为只要自己精力旺盛、积极进取，就可以获得人们的认可，让人们承认他们对社会是有用的。但是我们要知道，无论是"勤奋""刻苦""活力充沛"还是"努力进取"，这些有时不过是为了掩饰虚荣的另一种说法。

当一个人变得虚荣以后，他很快就会不遵守生活的规则，甚至为了满足自己的虚荣心干扰其他人的生活。如果一个孩子从小就很虚荣，那么一方面在遇到危险时他会挺身而出，但是另一方面他喜欢在比他弱的同伴面前展现自己。虚荣心较强的孩子还有一个典型的特点就是喜欢虐待小动物。而对一些遭受过挫折的孩子来说，他们可能会采取一些令人难以理解的方式来满足自己的虚荣心。比如，他们可能会避免从事一些主流的工作，而是做一些他们可以掌控并且能够证明自己的工作。他们喜欢抱怨生活的苦难和命运的不公，是想让其他人知道要不是因为自己糟糕的经历和不幸的命运，他们本可以成为社会中的佼佼者。而这些不过是他们为失败找的借口，唯一能够满足他们虚荣心的方式可能就是做梦。

和虚荣心较强的人交往时往往困难重重，因为我们很难评判这些虚荣的人。他们总是将做错事的责任推卸给他人，他们认为自己永远是对的，而其他人永远是错的。然而，区分生活里的错与对本就没有多大意义，人生中最重要的事是能够实现自己的目标，以及自己能给他人的生活创造价值。但是虚荣的人不管这些，他们只顾自己，总是抱怨生活，为自己的失败找借口。人类可以不惜一切代价维护自己的权力和优越感，而虚荣的人更是可以为了维护自己的虚荣心不惜采取任何手段。

也许有人会质疑，如果没有野心，如何实现人类的伟大成就呢？首先，这种观点的出发点就是错的。的确，每个人都有虚荣心，但是决定一个人做出正确选择的动机不是虚荣，人类的伟大成就更不可能因为虚荣或野心而实现。人类任何成功的背后都离不开社会意识，而虚荣只会降低一个人的创造力，降低其成功的可能性。所以对于人类的任何伟大成就，在其中真正发挥作用的一定不是虚荣或野心。

在当今的社会氛围下，每个人都无法摆脱虚荣的影响，但是能意识到这一点本身就是我们的优势。很多人的一生都充满了悲痛与伤心，他们找不到人生的快乐所在，也不知道如何与他人相处，更不知道如何适应生活，因为他们想要的永远比得到的多。所以他们很容易陷入与其他人的争夺中，只关心自己在其他人心目中的形象。人的一生中，尤以虚荣心的满足与否最为重要，所以要想了解人性，对其虚荣心的解读非常关键。既要了解一个人虚荣的程度，又要知道虚荣可能会导致他有怎样的行为表现。通常，当我们对一个人的虚荣有所了解之后，就会发现虚荣会严重损害人们的社会意识，虚荣与社会意识无法共存。

反过来说，社会意识也会严重影响虚荣心的满足。我们每个人都离不开社会生活，在人生早期，虚荣的人必须将自己隐藏或伪装起来，背地里慢慢实现自己的"大计"。虚荣的人常常将自己扮演成一个"受害者"，怀疑自己是否能取得成功，但这一切不过是一种伪装，这样在最终失败时可以为自己找到借口。

通常，事情会按照这样的方向发展：一个人想要获得权力，但是他不会亲自参与到生活的斗争中，而是将自己从生活中抽离出来，远远地看着其他人，并将他们都想象成自己的敌人。这些人往往疑虑很深，尽管他们看上去思维逻辑清晰，行为表现也没什么问题，但其实思虑过度只会让他们白白浪费了很多机会，阻隔了自己与社会的联结。

虚荣有很多表现形式，但本质上体现的都是一个人想要战胜一切的愿望。一个人的虚荣可以体现在他对待每件事的态度上，还有他的衣着、说话方式以及人际交往，总之我们目之所及都能看到他虚荣的影子，看到他对权力和优越感的追求。但是由于虚荣的很多表现不符合社会的要求，所以一个聪明人肯定会采取某些方法将自己的虚荣伪装起来，比如，一些表面谦虚的人，不过是为了让自己看起来没那么虚荣罢了。就像故事里所说的，苏格拉底对一个穿着破旧衣服的演讲者说："雅典的年轻人啊，我可以从你衣服上的每一个破洞中看到你的虚荣。"

很多人觉得自己并不虚荣，因为他们尚没有发现自己的虚荣已经深入骨髓。虚荣的表现形式有很多种。有些虚荣的人总想成为社交聚会的焦点，并以此证明自己社交能力强。还有一些虚荣的人，他们不喜欢社交并且会尽量避免社交，他们不接受任何人的邀请，聚会迟到，需要其他人求着他们才会参加。也有人为了展现自己的与众不同，只参加某些特定的社交活动，以衬托自己的高贵，其实本质上这些都是虚荣在作祟。还有一些人为了满足自己的虚荣心，概不拒绝任何社交活动。

不要觉得虚荣没什么大不了，它对一个人的影响非常深远。虚荣会让人丢掉社会意识，破坏社会秩序。一位伟大的作家曾在自己的作品中描述了虚荣的各种形式，但在本书中我们只能对虚荣进行一个粗略的描述。

导致一个人虚荣的背后动机其实是因为他为自己的人生创设了一个不可能实现的目标：超过世界上的所有人。这一不切实际的目标只会让他永远得不到满足。所以那些一眼看上去就很虚荣的人其实并不认为自己有多大的价值，除非他们可以意识到问题所在，否则无法实现目标的缺失感将会伴随他们虚荣的一生。

从一个人很小的时候开始，虚荣心就已逐渐形成。其实虚荣的人内心都是很脆弱的，他们往往会给人留下很幼稚的印象。童年时期的经历会影响一个人虚荣的表现。比如，有些孩子认为自己掌握的知识不及成人，经常被忽视，所以他们觉得自己非常弱小可怜。而有些孩子看起来非常傲慢，这往往是由于他们的父母也是如此，孩子在父母的影响下自命不凡，骄傲自大。

不过，一个条件优越的家庭不免会让孩子产生一种先天的优越感，感觉自己生来就高人一等，并且为了保住自己在家庭中的地位，他们一般会更加努力地争夺权力。这样的想法必然会影响他的人生目标、行为和表达方式。但是，生活对这类人似乎有着莫名的敌意，他们很难在生活中实现自己的目标，所以他们中很多人都会选择退出生活的竞争，做一名"隐士"，或者成为不同于常人的存在。只要他们一直待在家里无所作为，就不需要为任何人负责，然后理直气壮地让自己相信，他们之所以实现不了人生目标只是因为他们不想。

尽管如此，很多非常有能力和成功的人其实都是虚荣的。而且这些人通常智商也更高，只不过他们没有将自己的才能用对地方，导致他们无法融入和适应社会。比如，有些人可能会选择忽略自己不适应的部分，只去做那些自己擅长和知道的事情，然后就可以在失败时名正言顺地说自己是因为不了解才没有做好。还有人可能会说，之所以事情进展得不顺利是因为其他人没有做好自己的本职工作，但是要知道，即使其他人不出任何差错，他们的目标也不会实现。所以，这些不过是他们逃避责任的借口，这样他们就不必为逝去的时间而自责。

虚荣的人不知道如何友善地与他人相处，他们总是轻视他人的痛苦与悲伤，以使自己获得优越感。研究人性的伟大学者拉罗什富科曾说过："他们总是能轻松地看待其他人的痛苦。"一个人在表达自己对社会的敌意时，通常都是刻薄而挑剔的，他们喜欢责备、批评和嘲笑，因为一切都无法让他们感到满意。对这些人来说，最重要的不仅是能够意识到自己的错误，还要在行为上有所体现，比如，问问自己的内心："我可以做哪些事情让一切越来越好呢？"

虚荣会让人想方设法地超过其他人，进而使他们变得尖酸刻薄，喜欢对人评头论足。然而，这些人往往在能力上会更强，他们更勤奋，也更风趣。但是，风趣也可以伤人，就像讽刺艺术家用玩笑来讽刺一样。

喜欢贬低、驳斥他人是虚荣者的共性，我们称之为"贬低情结"（deprecation complex）。这种情结在本质上其实是虚荣者对他人价值的攻击，通过贬低和侮辱他人来提升自己的优越感，就好像侮辱了其他人就可以彰显自己的重要性一样。从这一点上看，虚荣者的内心深处其实非常脆弱。

既然人类几千年的历史已经注定，在短时间内没有人可以摆脱虚荣，那么我们就应该学会更好地面对虚荣带给我们的影响。首先，我们需要看清虚荣究竟有哪些危害。其次，我们的目的不是为了让人们摆脱虚荣，或者非要找到那些不虚荣的人，我们真正需要学会的是合作。不求合作只求个人成功的想法是无法让我们在这个时代轻易存活下去的，虚荣带来的不过是无穷无尽的矛盾与争端。既然我们每天都在见证着虚荣是如何让一个人失败的，是如何让我们置身于社会的水深火热之中的，甚至从来没有一个时代像今天这样讨厌虚荣的人，那么我们总要做点什么来减小虚荣的危害。比如，找到一些更好地表现虚荣的方式，让虚荣不至于阻碍人类实现共同幸福。

下面这个例子将向我们很好地展示虚荣背后的动机。一名年轻的女性，她是家中最小的孩子，从小是在姐姐们的宠爱中长大的。她的妈妈对她的关爱也无微不至，并尽可能满足她所有的要求。但是在这样的宠爱下，这名女性的身体愈发虚弱，需求也越来越多，多到他人无法满足。直到有一天，这名女性意识到只要她一生病，她的妈妈就会立刻放下一切来照顾她，于是很快她就学会了用生病来满足自己的各种需求。

　　渐渐地，她习惯了生病，哪怕经常会感到身体不舒服她也觉得没什么。她不仅习惯了生病，也很"善于"生病，尤其当她想要获得什么或满足自己的某些需求时，就会选择通过生病的方法来达到自己的目的。但是这种方法最终使她患上了慢性病。其实在很多孩子和成人身上都曾发现过这种"疾病情结"（sickness complex），通常具有这种情结的人会发现只要自己一生病就可以成为家里的中心，得到很多的权力，从而享受生病带给自己的各种好处。那些看似虚弱的人很可能都是通过这种方法发现了原来生病可以获得家人对自己的关心，可以满足自己的各种需求和欲望。

　　这些有"疾病情结"的人是如何达到自己的目的的？刚开始他们可能只是因为生病有些吃不下饭，结果全家人都开始为了让他吃饭做各种美味佳肴。而且只要他一生病就会有很多人陪着，慢慢地他无法再忍受自己一个人。为了赢得那些爱自己的人的关心，他越来越喜欢将自己置身于危险之中，或者靠生病来获得关注。

　　能够将自己置身于某件事或某一情境中的能力，我们称之为共情。就像梦中的场景真实发生了一样。对有"疾病情结"的人来说，一旦他们体验到生病后所特有的权力，为了避免内心的不安，他们往往会忘记自己只是在假装生病或只是想象自己在生病。因为当我们非常认同某件事时，它带给我们的影响将会和这件事真实发生时的影响相同。所以有些人生病呕吐或感到焦虑并不是因为他们真的恶心或感到有危险存在，只不过是以此来帮助自己获得权力。就好像这名年轻的女性，她说自己经常会莫名地感到恐惧，类似于中风时的症状。很多人的想象之生动常常连他们自己都分不清哪些是真实的，哪些又是想象出来的。我们需要知道的是，如果一个人因为疾病或某些神经性症状而被周围的人当作病人，那么大家都会尽可能地去照顾他，帮助他恢复健康。因为正常人的社会意识将会引导我们去帮助那些生病的人。但是如果这些生病的人只是为了获取特权，那么他们其实是在滥用他人的社会意识。

以上，虚荣的人的这些表现反映了他们对社会生活的抵触，对他人利益的轻视。虚荣的人很难理解他人的快乐与悲伤，更不要说期望他们能主动维护他人的权利或者帮助他人了。虽然他们中也有很多人可以依靠教育和自己的努力获得成功，或者表面上也可以维持着与他人的友好相处，但是在内心深处，自爱与虚荣才是他们所有行为的唯一准则。

这名女性也不例外。她非常依赖自己的家人，如果母亲早上晚半小时给她送早餐，她就会非常担心和焦虑，然后她会立刻叫醒丈夫，让他去看看自己的母亲是否出了什么事。最终，母亲不得不非常准时地给她送每一顿早餐。而她的丈夫作为一名商人，经常要出去见客户，但是只要他回家晚了几分钟，这名女性就会表现出神经衰弱的症状，焦虑得不停颤抖，浑身出汗，等丈夫回家时又不停地向丈夫抱怨自己有多担心他。最后，丈夫被她逼得只能像她的母亲一样准时回家。

可能许多人并不觉得这名女性的做法可以给她带来好处，但是对她来说，生病其实是唤起周围人注意自己的一个信号，是她与家人建立联系的方式。虚荣让她想要控制周围环境中的一切，但是这怎么可能呢。即使她为此付出了巨大的代价和努力，但只要有人没有按照她的意思行事或者没有准时出现在她的面前，她就会彻底崩溃。她用自己的病逼迫丈夫必须准时回家，用自己的焦虑逼迫周围人必须听她的，看起来她似乎很关心其他人的安危，其实她想要的不过是所有人都听她的指挥。所以总结来看，她对其他人的关心不过是满足自己虚荣心的一种手段。

很多时候，人们可以为了获得自己想要的东西而舍弃自己的需求。比如，一个非常自我的六岁女孩，她经常因为一时的突发奇想就非要做成某事不可，她想要通过征服其他人来展示自己的权力。她的母亲非常希望能够与女儿保持良好的关系。有一次，母亲给女儿买了她最喜欢的蛋糕，想要给她一个惊喜。但是女儿拿到蛋糕后立刻把它扔在了地上，还在蛋糕上踩了几脚，然后大声地对她母亲吼道："我不想要你给我的东西，我只想要我想要的东西。"还有一次，母亲问女儿中午想要喝咖啡还是牛奶，女儿没有回答而是站在门口小声咕哝道："要是她说喝咖啡，我就想喝牛奶，她说喝牛奶我就想喝咖啡。"

这名女孩很明确地说出了她的想法，但还有很多孩子根本无法真实地表达自己的内心想法。很多孩子都有类似的特点，他们想要按照自己的意愿行事，哪怕这样做可能会犯错或者会给自己带来痛苦，但他们仍然愿意。不过如今的时代为这些想要按照自己的方式生活的孩子提供了很多机会。不仅孩子如此，成人也会希望能够按照自己的步调走完一生。但是这种想法往往会使人走向虚荣，听不得别人的任何建议，哪怕这个建议非常合理，可以帮助他找到幸福。为了维护自己的虚荣心，他们甚至会为了反对而反对，比如，内心里想说"是"，但因为虚荣嘴上还是说了"不"。

如果一个人想完全按照自己的方式生活，除了待在家里，待在家人身边，其他地方似乎没办法一直满足他的意愿。当我们和陌生人交往时，我们通常都会保持礼貌友好的态度，但是和陌生人的这种关系很快就会中断，而且我们也不会总去和陌生人有太多的联系。在社会生活的交往过程中，必定有些人会成为其中的佼佼者，赢得很多人的喜欢，但是在赢得了他人的关注之后他们又会选择离开，继续回到自己的家庭生活中。有一位女性来访者，她非常有魅力，深受朋友们的喜爱，但是她通常在离开家不久之后就会因为各种原因不得不立刻回家，如突然感到头痛。但其实内在的原因是聚会不能让她像在家里一样时刻拥有特权，所以她一出门就想要回家。除了待在家里，这名女性不知道还有什么方法可以满足自己的虚荣心，所以每次和陌生人在一起时她都会十分焦虑，想回家。之后她的情况逐渐恶化，她无法去影院，甚至不能到街上去，因为这些地方都会让她产生一种失控感，她无法完全按照自己的意愿行事。最终她发展到除非有自己的家人或真正关心她的人陪同，否则就不会出门的地步。而这样的情况在她童年时期已经出现。

她是家中最小的孩子，从小身体就很弱，容易生病，所以她从小得到的宠爱就要比其他孩子多。渐渐地，她也习惯了永远都被人宠着的感觉，长大后为了让其他人时时刻刻以她为中心，她甚至愿意付出任何代价。后来她不知道要怎样做才能摆脱这种想法，她不想服从别人对她的安排，只想以自己的意愿来生活，越来越严重的焦虑和痛苦使她不得不来看心理医生。

要想解决她的问题，我们必须让她意识到在过去的人生里她为了满足自己的控制欲究竟做了哪些努力。不过说实话，她虽然来看心理医生了，但是如果她自己还没有准备好做出改变，那么对她来说要想解决问题是很难的。因为她想要解决的是如何减少自己在家之外的地方的焦虑感，而不是放弃自己对家人的控制。要知道鱼和熊掌不可兼得，她不可能一边享受着对家人的控制，一边又不希望有任何不良的后果。

这个例子很好地说明了虚荣对一个人一生的严重影响，特别是虚荣是如何阻碍一个人的发展并最终使他走向崩溃的。但是一个人如果只看到虚荣带来的好处，那么他就永远看不到虚荣带来的危害。就像很多人都觉得有野心、有斗志是非常好的性格特征，但是却看不到这样的性格可能会使他们永远不满足于现状，于是有的人会为了满足虚荣心牺牲自己的休息和睡眠。

还有一个例子也可以很好地证明我们的观点。一位二十五岁的年轻人，当他正要去参加一场期末考试时，突然感到自己对这个科目毫无兴趣，然后就没有去参加考试。这样的念头让他一瞬间心情低落，看不到自己的价值所在，根本无法参加考试。了解了他的童年经历后，我们发现他的父母从小就经常严厉地斥责他，从来没有站在他的角度为他着想过，这些经历严重阻碍了他的成长。所以导致他现在开始怀疑人生的意义，丧失了对任何事情的兴趣，不得不将自己从世界中孤立出去。

虚荣不过是他逃避的借口。他那些压抑已久的想法、得不到满足的欲望和对结果的恐惧，最终都在这次期末考试前一齐爆发，将他压垮。但是他需要一些借口来使自己心安，如果无法取得成功不是他自己选择的结果，而是疾病与命运致使他无法取得成功，那么他的自尊与自我价值就可以得到维护。所以，从这位年轻人的身上我们看到了虚荣的另一种表现是阻止人们去迎接挑战。当他需要证明自己的能力时，虚荣让他选择了临阵脱逃，因为他怀疑自己的能力，害怕证明自己是个失败者，所以他宁愿在比赛前就选择退出。

这位年轻人自己也承认，每当他需要做决定时，他就会陷入犹豫与纠结当中。这说明他其实并不想做出任何决定，他想要的不过是停下来，哪怕人生就此停滞不前，也不要做任何选择。

这位年轻人是家中最大的孩子，也是唯一的男孩，他还有四个妹妹。

而且他也是唯一一个被寄予厚望的人，家里唯一一个上大学的机会都给了他。父亲无时无刻不在激励他要实现自己的理想抱负，要成为一个成功的人。所以这位年轻人一直非常清楚自己的目标，他想要超过所有人。然而现在，他因为不知道自己是否真的能够实现这个目标而感到不确定和焦虑。这时恰巧虚荣心出现了，成了他逃跑时的一根救命稻草。

这个例子很好地向我们展示了虚荣的另一面：逃避和停止前进。虚荣与社会意识交缠在一起，关系密切，这使很多人在选择时会非常纠结。不仅如此，虚荣还可以从童年时期逐渐破坏一个人的社会意识，使他逐渐地变孤立。虚荣的人生活在自己用想象构建的世界里，他们在自己想象的世界工作、生活。这就导致他们在现实生活里不可能找到自己想要的东西。在与人相处的过程中，虚荣的人总是想要通过权力或阴谋来达到自己的目的。他们想方设法地证明其他人都是错的，只有自己是对的。如果他们成功地证明了自己比别人更好、更聪明，那么他们就会很开心，但是其他人多半不会理会他们，也不会觉得这是一场对决。而对虚荣的人来说，胜利就意味着权力和优越感。

任何人都只相信他们愿意相信的事。所以有些人认为学习、读书或考试只会进一步暴露自己的缺陷与不足，反而无法用正确的眼光看待这些事情。如果一个人认为自己的人生幸福与成功会很轻易地就受到威胁，那么他自然会时刻处于紧张状态，这种紧张只会进一步使他所相信的谎言得到验证。

一个人的每一段经历都有着无比重要的意义，而且大多最终都会归于成功或失败的结果。对一个虚荣、有野心的人来说，他的行为模式只会给他带来更多的问题和困难，难以实现人生的幸福。只有当你接受生活中的一切时幸福才会到来，否则一个人永远也无法体会到人生的幸福与满足。所以对一个虚荣的人来说，现实是无法让他们幸福的，也许只有在梦中，梦到自己拥有权力和能够控制他人时，他们才能体会到幸福的感觉。

如果一个人曾经体验过权力和优越感，那么他会发现有很多像他一样喜欢竞争的人。但是在竞争中没有人可以强迫其他人承认自己更胜一筹，最后的结果往往就是不断地怀疑自己是否拥有权力。所以，一旦有人陷入了这样的循环之中，陷入了与其他人无尽的竞争当中，那么在这场比赛中的任何人都不会成为赢家，因为他们需要无时无刻为了争夺胜利而努力，最后只是伤人伤己。

相反，如果一个人认为只有在帮助他人的过程中才能体现自己的价值，那么这两类人的结局将是完全不同的。一个愿意主动去帮助他人的人，即使其他人并不接受他的帮助，对他的影响也是很小的。因为他做任何事情都不是为了满足自己的虚荣心，只要做到了他想要做的事情，他也就达到了自己的人生目标。相比一个总是想要索取、永远无法被满足的虚荣的人，一个社会意识良好的人常思考的问题是："我能给别人带来什么？"可以看出，这两类人在性格和价值观上的差异非常大。

其实，这一道理在人类几千年的文明中早已被总结出来。就像《圣经》中所提到的："施予胜于受惠。"当我们反思这句话时，应该看到人性的伟大之处就在于给予和帮助他人。只有这样，我们才能更好地实现自我价值，实现内心的和谐统一。

反过来说，贪婪的人永远得不到满足，为了让自己开心，他们只考虑自己的利益和需求，而不在乎其他人需要什么，甚至会把其他人的不幸当作乐事。这些贪婪的人不仅自私，还要求其他人也要凡事以他的利益为主。在他们的世界里，他们就是神。贪婪自负是这类人最大的特点。

虚荣还有另外一种更为原始的表现，比如，有些人喜欢穿着耀眼，自以为很特别，或者把自己打扮得很奇怪以彰显自己。这些人的表现很像原始时期人们要头戴长长的羽毛来显示自己的地位与荣誉。现在很多人都追求穿着时尚，以从中获得巨大的满足感。还有很多人喜欢戴各种各样的装饰来满足自己的虚荣心，而这些装饰就好像一些用来战斗的武器，其目的很可能是吓跑他们的对手。还有些时候，虚荣心也可以通过一些色情符号来表现，有些人希望通过这种方式给其他人留下深刻的印象。因为这些人相信这些无耻的行为可以让自己获得某种优越感，同样还有一些人认为坚强、粗暴、固执或孤立的方式可以满足自己的优越感。而实际上这些人只是在想法上粗暴，相比那些行为举止粗暴的人来说，他们要好多了。就虚荣的这种表现来说，男性在这方面对社会意识的敌对态度更小。相反，那些喜欢用这种方式来表现虚荣的人，他们将自己对美好事物的追求建立在他人的痛苦上，其他人越无法忍受他们，他们就越坚持表现自己。比如，一个孩子可能故意为了让父母厌烦而打扮得非常另类，但这却可以让孩子感到自己拥有权力。

虚荣的人很善于伪装自己。一个虚荣的人在达到控制他人的目的之前，可能会先拉近自己与他人之间的距离，比如，表现得亲切友好，想要和他做朋友等，但其实他们真正的目的是为了争夺权力，彰显自己的个人优势。虚荣的人实现自己目标的过程通常分为两个阶段。在第一阶段，他们必须先让他人放下对自己的防备和警惕，比如，向对方表现自己的友好，假装自己的社会意识很强。到了第二阶段，他们才会渐渐地摘下面具，表现出自己的攻击性。这些虚荣的人辜负了我们对他们的信任，我们可能会以为是不是他们变了，其实他们从未变过，他们自始至终都不过是在用友好的方式接近我们，然后再彻彻底底地打败和伤害我们。

虚荣的人接近他人的这种手段还可以被称作"灵魂捕捉"（soul catching）。不达目的誓不罢休的态度是虚荣者的典型特征，而这种态度在很大程度上已经决定了成功的结果。虚荣的人深谙人性，表面上表现得自己关爱他人，但其实这不过是一种虚假的伪装。但是反过来又说明，那些了解人性的人应该格外谨慎，不要让自己也落入虚荣的陷阱。一位意大利犯罪心理学家曾说过："如果一个人过于完美，善良慈悲且人品高尚，那么他们很可能是不值得信任的。"对于这句话的正确性，我们持保留态度，但是可以肯定的是，这种观点是值得我们思考的。日常生活中，我们经常能看到一些人喜欢拍别人的马屁，但是对那些被拍马屁或者说被奉承的人来说，他们可能会感觉很不舒服、很不自在。所以，我们最后的结论是，如果你是一个有野心或虚荣的人，最好能选择一些更高级，让人更舒服的方法来达到你的目的。

在本书的第一部分，我们已详细阐述了哪些情况可能导致一个人的心理发展出现异常。从教育的视角来看，很大的问题在于孩子与环境总是处于对抗状态中。虽然老师应该知道他在教育孩子中的责任，但是他不能将压力强加到孩子身上，而是应该减少孩子与环境间的对抗，让孩子成为教育的主体，使孩子可以像成人一样与老师平等地交流，而不是被动接受教育。这样孩子就不会误以为自己总是处于压迫之下，总是被忽略，也就不会一直想与老师进行对抗。从这种对抗的观点来看，文化在很大程度上影响了我们的思考方式和行为模式，以及性格的形成。文化对权力和野心的错误引导使很多人变得虚荣，他们学着伪装自己与他人的友好关系，甚至有些人的一生因此被毁掉。

在了解人性的过程中，童话故事常常可以揭示出很多的道理，很多童话故事都向我们展示了虚荣的危险性。下面我们将讲述其中一个故事，这个故事告诉我们，当一个人的虚荣心无限膨胀时，甚至可以破坏其人格的发展。这是《安徒生童话》中一个关于醋瓮的故事。

一天，一个渔夫将他捕到的一条鱼放生了，鱼为了感谢他答应可以实现他的一个愿望。渔夫有一个贪婪且有野心的妻子，当她知道这件事时，便要求渔夫把他原来提的愿望换掉，换成她的愿望。刚开始妻子说她想成为公爵夫人，后来说想成为女王，最后换成了她想成为上帝。就这样，渔夫一次又一次地把鱼钓上来又放生，最后鱼很生气，不再答应渔夫的任何请求，离开了渔夫。

一个人的虚荣和野心可以不断地膨胀，但有趣的是，不论在童话故事里还是虚荣的人内心深处，他们对权力的渴望最终往往会衍生出想要成为上帝的愿望。我们经常可以看到那些虚荣的人很喜欢表现得像上帝或上帝旁边的守护者一样，还有人会提出一些只有上帝才能实现的愿望。对于上帝的渴望其实体现的是这些虚荣者内心深处想要超越自身局限的一种理想。

在我们的时代中，这种情况变得越来越多。更多的人开始对通灵术、传心术或心理研究感兴趣，他们渴望超越人类已知的界限，知道其他人不知道的事情；他们渴望摆脱时空的束缚，甚至想要和死去的鬼魂交流。

如果我们深入调查会发现，大部分人都希望接近上帝，留在上帝身边。甚至有很多学校教育的目标仍然保留了之前的宗教教育的宗旨——将学生培养成像上帝一样的人。事实证明，这样的教育结果非常糟糕，所以我们现在更提倡理性教育，但是仍然无法摆脱过去的教育方式在人们心中留下的根深蒂固的影响。之所以会这样，一部分是心理层面的原因，还有一部分则是因为我们刚开始对人性的了解很多都源于《圣经》，而《圣经》认为人就是根据上帝的样子而创造出来的。所以《圣经》中的很多概念和观点从一个人小时候开始就会对他产生重要的影响。当然，我们无可否认《圣经》是一部非常出色的著作，尤其当一个人的思想成熟之后，他还可以反复地阅读《圣经》，获得不同的感悟。但是我们不应该将自己的感悟直接灌输给孩子，不应该让他们从小就渴望权力，或者让他们以为自己像上帝一样，其他人就应该是他的奴隶。相反，我们只需要不加评论地向他们讲述，让他们自己学会领悟人生的奥秘。

和想要成为上帝一样，每个人也都希望自己能够生活在童话故事所创造的乌托邦里。虽然孩子很少相信童话会变成现实，但是当我们看到孩子对魔法的巨大兴趣时，我们就应该知道每个孩子都被自己幻想的世界深深吸引着。尤其对某些人来说，幻想和魔法的吸引力非常大，哪怕直到他们老去，这种吸引力也不会减弱。

从古至今一直存在这样一种观念，即女性的第六感要好于男性。所以很多男性认为自己的伴侣拥有魔法进而影响自己。在过去的某个时期，人们格外看重迷信的力量，也正是在那个时期，女性通常被认为是女巫。而这种偏见持续了几十年，像噩梦一样差点儿葬送了整个欧洲。当我们再次回看这段历史，数百万女性成为受害者，它的影响丝毫不亚于宗教裁判所或世界大战。

想要和上帝一样的愿望在一定程度上也体现了一个人的虚荣。对一个内心正在遭受着痛苦的人来说，能够暂时远离其他人，与上帝进行对话十分重要。当他离上帝越来越近时，他会相信自己通过虔诚的祈祷可以赢得幸福。但实际上，很多宗教谈不上是真正的宗教，充其量只是心理病理学现象。比如，一位男性说他如果不祈祷晚上就睡不着，因为他认为自己如果不祈祷就会有人遭遇不幸，而这不过是他自己臆想出来的。这种想法似乎就意味着他拥有某种超能力，可以决定另一个时空中某个人的命运。在很多宗教信徒的白日梦中都会出现类似的内容。这显然只不过是一些空想，改变不了事物的本质，但是它的意义在于可以让信徒们依靠想象远离现实。

在我们的文化中，有一样东西似乎有着神奇的魔力，那就是金钱。甚至有很多人相信钱是万能的。所以，现在很多人的野心或虚荣都与金钱或财产有关。也许你听到有些人一辈子都在为某个东西而努力，这听起来有些变态，但是这已经成为非常普遍的事实。甚至可以说现在虚荣的人的表现别无二致，全都在通过不断地敛财来彰显自己的权力和地位。还有些富有的人，即使已经拥有了很多钱，他们仍然渴望拥有更多的钱，甚至已经出现了妄想的症状，"钱对我的吸引从未停止过"。不过这样的想法也很正常，毕竟如今人们已经将地位等同于金钱或财产的多寡。所以在这样的社会文化里，人们渴望获得金钱或财产是非常正常的。甚至有些虚荣的人除了知道敛财，其他的根本无心顾及。

下面我们将讲述一个涉及违法行为的案例，这个案例包含了我们上文所讨论的各个方面，并且可以让我们更好地理解虚荣对一个人的重要影响。

在一个家庭中，弟弟看起来没什么天赋，而姐姐却天资聪颖。所以当弟弟发现自己根本不是姐姐的对手时，他果断地选择了放弃和姐姐竞争。虽然每个人都会给予弟弟很多的帮助，让他尽量克服成长过程中的困难，但他还是因为自己并不聪明而倍感压力。他从小就在姐姐的光芒下长大，生活中的任何困难姐姐都可以轻松战胜，而他却只能做一些无关紧要的事情。因此，在姐姐的衬托下，他仿佛一切都不如姐姐，但实际上并不是这样。

他背负着沉重的负担渐渐长大，一直到了上学的年纪。他非常悲观，总是担心其他人看出自己的无能。他越来越希望自己能够摆脱愚蠢无能的形象，被当作成人一样对待。从十四岁开始，他就经常出现在成人的聚会中，但是强烈的自卑感始终与他如影随形，让他很不自在，他非常想知道如何才能成为一个成熟的男人。

渐渐地，他学会了嫖娼，但是这需要很多钱，既然他把自己当作成人，所以他不可能向父亲开口要钱，迫不得已，他开始偷父亲的钱。可是他不觉得这是"偷"，因为这是他自己父亲的钱，他有权利保管和使用。直到有一天他因为学业问题受到了降级处分，这恰恰证明了他的无能，所以他不敢让任何人知道。

之后，他陷入了深深的懊悔与自责中，本以为这样做可以使自己感觉好些，他显然错了。但是这似乎又成为他的一个很好的借口：如果是其他人像他这样做，肯定也会落到今天这种地步，而且还有很多事情都在干扰他的学业，所以才导致今天这样的结果。那天晚上，他准备睡觉时突然意识到自己也曾努力学习过，只不过可能在学习上付出的太少。

他以前每天都会早起，不过这只会让他一整天都非常疲倦，根本无法在学习上集中注意力。从来没有人要求过他非要与姐姐一决高下，毕竟缺少天赋也不是他的错。但是他给自己强加了太多的压力，他封闭自己，不接受事实。如果哪一天失败了，他只希望别人不要说是因为他不聪明导致的；如果哪一天成功了，他又希望别人认为就是他能力强。

无疑，在这其中不过是虚荣在作祟。故事里的男孩为了不让其他人发现他的愚笨，宁愿犯法。虚荣和野心实在给人们的生活带来了太多复杂的问题，它们不但剥夺了生活中的快乐与幸福，而且让我们犯了太多愚蠢的错误。

嫉妒

嫉妒是一种有趣的性格特征，因为它随处可见，不仅在恋爱关系中，其他所有人类关系都有嫉妒心存在痕迹。对孩子来说，当他们想要超过其他人时，他们既可能表现为野心勃勃，也可能表现出对同伴的嫉妒。所以，嫉妒和野心一样，是可以伴随人一生的性格特征，只不过嫉妒源于被忽视或被歧视的经历。

在一些有多个孩子的家庭中，嫉妒的情况尤为严重。比如，当一个孩子有了弟弟或妹妹之后，他们会分走一部分父母的关心，而使这个孩子嫉妒父母给予弟弟或妹妹的爱。在一个案例中，一个八岁的小女孩甚至因为嫉妒犯了三起谋杀案，可见嫉妒的影响非常严重。

以前，父母从不让这个小女孩做任何家务，她的生活非常舒适幸福。直到她六岁时，妹妹的到来打破了她的美好生活。她整个人都变了，她恨妹妹，甚至总是伤害她。父母无法理解她的行为，对她愈加严厉，警告她如果再伤害妹妹就要受到惩罚。一天，在她生活的村子的一条小溪里，人们发现了她妹妹的尸体。后来又有一个女孩淹死在小溪里，直到有一天这个女孩想杀死第三个女孩时，她被当场抓住。她承认人的确是她杀的，后来她被送到了精神病院，在那里接受进一步的治疗和教育。

在这个案例中，小女孩将自己对妹妹的嫉妒转移到了其他比她小的女孩身上，但是对男孩却没有任何敌意。这说明她因为被父母忽视才想要杀死妹妹报仇，而她从其他两个小女孩身上看到了妹妹的影子，所以就想将她们全部杀掉。

由此可见，当一个家庭中兄弟姐妹比较多时，嫉妒会格外容易出现。特别在我们的文化中，重男轻女的思想让很多女孩看到自己的哥哥或弟弟受到父母更多的关注和重视，在家里享有更高的地位、更多的发言权，这会严重打击女孩的信心，激起她们的嫉妒心。

有多个孩子的家庭免不了出现冲突或敌对行为，即使姐姐可以像妈妈一样爱弟弟，但是在心理层面，姐姐仍然需要父母的关注与关心，与上文中的例子没有什么差别。如果姐姐认为自己的角色与妈妈一样，那么在一定程度上可以拥有像妈妈一样的权力与地位，会相对减少自己的嫉妒。

嫉妒是导致兄弟姐妹间相互竞争的最主要原因。当一个女孩感觉自己被忽视时，她可能会想方设法地超过她的哥哥或弟弟，因此我们经常看到在一个家庭中女儿格外勤奋刻苦，她们将自己的哥哥或弟弟远远地甩在了后面。再加上青春期的女孩身心发育都要明显快于男孩，这也对缓解她们的嫉妒心有所帮助。

嫉妒的表现形式非常多，可能表现为不信任他人、喜欢批判他人或者是害怕被忽视。一个人的嫉妒最终会以哪种形式表现出来主要取决于他之前的生活经历。比如，有些人的嫉妒会导致他走向自我堕落，而有些人则会因嫉妒精力充沛。另外，嫉妒还可以表现为破坏他人的行动、阻挠他人的进步、限制他人的自由等。

嫉妒的人最喜欢用的一种手段是给其他人制定行为规范，比如，以爱为借口，让他人按照自己的想法做事甚至思考。嫉妒还会让一个人不停地去责备、侮辱他人，直到对方丧失自由意志，陷入困境或被牢牢束缚住。如在陀思妥耶夫斯基的小说中，曾讲述过一个男人就是通过这些方法压制和控制了他的妻子的一生。因此，嫉妒也是人们争取权力的一种常用手段。

妒忌

　　哪里有对权力和地位的争夺，哪里就有妒忌。如果一个人的现状与自己的目标之间相差太大，他很有可能会出现自卑情结。而这种自卑会使他感到很压抑，甚至影响他的行为和对生活的态度。自卑会使他低估自己的能力，对生活不满，当他看到其他人都如此成功时，他会妒忌其他人的成就，还担心其他人对自己的看法。他既担心自己被忽视，又害怕被歧视。但实际上这样的人通常拥有的已经比其他人更多，他们感觉被忽视不过是由于永不满足的虚荣心在作祟，他们想要超过周围所有人，想要拥有一切。但是，之所以妒忌的人不会将自己的想法表达出来，是因为社会意识的存在让他们有所顾忌，不过他们的行动早已暴露了一切。

　　妒忌其他人的成功丝毫无益于实现我们自己的幸福。但是无可否认的是，几乎每个人都有妒忌心，只不过社会意识限制了我们直接地表达对他人的妒忌。虽然每个人的妒忌心在平时表现得并不明显，但是一旦我们遭受了某些灾难或压迫，比如，贫穷或饥寒交迫，我们很可能会丧失对未来的希望，不知道如何从不幸中走出，妒忌便应运而生。

　　虽然在今天道德和宗教仍然禁止我们表现出妒忌，但是在心理层面上人类还没有成熟到可以完全摆脱妒忌。也许对于贫穷者的妒忌我们很好理解，但是也有很多与他们情况相同的人却没有妒忌心，这让人有点儿难以理解。所以我们必须对人性有一个更深入的了解。妒忌的出现与一个人或一个群体的行动受限有关。问题在于很多时候我们并不想妒忌他人，也不想因为妒忌而仇恨他人，但是我们却没有办法控制。所以在日常生活中，我们所能做的就是尽可能不要激起其他人的妒忌，不要考验人性。尤其是不要在其他人面前炫耀自己，这样做很可能会伤害他人。

　　任何性格的形成都必须考虑到人与社会的密不可分。当我们想要证明自己的权力和地位，想在社会上出类拔萃时，我们就必须以牺牲其他人的利益为代价。而妒忌的目的其实是为了帮助我们建立一个平等的人类社会，平等的法则需要人们减少彼此间的冲突和不对等。

妒忌是一种很容易识别的性格特征，有时在人的外貌上就能有所体现，甚至在形容妒忌的词语中也会带有某些生理特征。比如，因为妒忌会影响血液循环，所以人们会用脸色发青、面容苍白来形容妒忌的人，甚至妒忌还会影响一个人毛细血管的收缩。

目前，只有一种方法可以帮助人们缓解妒忌带来的不良影响。既然我们无法完全消灭妒忌，我们可以做的就是充分利用它。比如，可以利用妒忌心促进一个人的成功，同时也可以尽量缓解他内心遭受的打击。这一方法被证明对个人和群体都是有效的。对个人而言，可以为一些职业正名，以提高从事这些职业的人的自尊；对于国家而言，可以大力发展落后的地区。

妒忌对社会生活毫无用处。妒忌的人喜欢拿走或剥夺他人的东西，干扰他人的生活，为自己无法实现的目标找借口，然后将自己的失败归咎于他人。他们喜欢扰乱他人的生活，不屑于与他人搞好关系，更不要说做一些有利于他人的事。而且他们对他人的处境毫不关心，因而对人性也几乎一无所知。当得知他人遭受苦难时，他们往往会不为所动，甚至可能会因为看到他人受伤而感到开心。

贪婪

贪婪与妒忌关系密切。我们对贪婪的定义不仅是指对金钱的贪婪，它还表现为一个人不愿意与他人分享幸福，对待社会和他人时的态度也可以显露贪婪。贪婪的人通常会在自己所拥有的宝物外面建筑一堵墙。

所以贪婪一方面与野心和虚荣有关，另一方面也与妒忌有关。其实这也说明，所有的性格特征往往都是同时存在的，当一个人被认为具有其中某种特征时，这说明其他特征也是存在的。

在当今社会，每个人或多或少有些贪婪。有些人会故意用慷慨的行为将贪婪伪装或遮蔽起来，但这种慷慨本质上不过是一种施舍，其目的还是为了使自我感觉良好。

在某些情况下，贪婪也被认为是一种宝贵的品质。比如，某些人对时间或者劳动力很"贪婪"，他就会想尽办法节省自己的时间，加快劳动力再生产，从而可以完成更多的工作。尤其在今天格外强调"贪时"（time-greed）的概念，以促进时间和劳动力的利益最大化。这种观念听上去似乎不错，但实际上这不过是在满足社会上一部分人对权力和优越感的追求，宣扬对时间和劳动力的贪婪不过是将工作的压力转移到其他人的身上。当我们用一个人能发挥的作用来判断他的价值时，我们其实是将人当作了机器，完全以一个人的技能水平来评价他的生命价值。对机器来说，这样的标准非常合理，但是对人类来说，以用处判断价值必将破坏人际关系，使人走向孤立和孤独。所以要想构建人类共同的美好家园，我们需要的是给予，而非贪婪。

厌恶

厌恶是典型的攻击型性格，它比抱怨和恶意的攻击程度更强烈，尤其在孩子中格外明显，表现为爱发脾气。我们通常可以根据一个人喜欢发脾气或抱怨的程度来判断他的性格。

厌恶可以影响一个人对待他人、其他国家、不同阶层和种族，甚至不同性别的态度。厌恶可以减少一个人与他人和社会的联系。厌恶像虚荣一样，它知道如何将自己"伪装"起来，比如，用一种批判性的态度来掩饰自己的厌恶。不过有时，厌恶也会突然卸下自己的伪装，光明正大地表现出来。比如，一位免于服兵役的来访者，他说他非常喜欢看有关大屠杀或人类毁灭的书。

在犯罪活动中有很多类似的情况。如果一个人的厌恶程度较低，那么并不会造成很大问题，甚至对社会生活来说还有一定的意义。但是有些人会将自己对人类的厌恶伪装起来，甚至一些哲学流派以表达对人类的厌恶作为主流思想。这样一来，如果有一天人们不再掩饰自己的厌恶，很可能会导致对人类残酷的暴行。不管这种观点是否正确，对一个艺术家而言，他必须时刻保持着对人类的敬意，因为仇恨无法创造出伟大的作品。

厌恶的后果随处可见，但是我们在此不会多加分析，原因是只由厌恶这一种性格特征就推论它会导致一个人厌恶全人类未免牵强，这其中的缘由非常复杂。比如，某些职业要求从业者必须具有厌恶人类的特点。格里尔帕策曾说过，"在他的诗歌中对人类的残忍本能进行了详细的描述"。但这并不是说不厌恶人类就完全无法从事这些职业。恰恰相反，是职业本身决定了从业者必须对人类怀有敌意，比如战士，从他成为战士的那一刻起，他就必须适应这个职业的要求，与其他从事这个职业的人保持一致，哪怕是装也要装得像。

"过失犯罪"有时不过是一个人对自己敌意的伪装。不管过失犯罪的对象是人还是物，过失者都没有充分考虑到社会意识的要求。在法律上，过失犯罪经常会引起很多争议，并且几乎很难获得一个令所有人都满意的判决。过失犯罪与犯罪显然不能完全等同。比如，当我们将一盆花放在离窗沿很近的位置，然后很可能会一不小心把花盆摔下去，砸到某个路人的头致其重伤或死亡，这和我们拿起花盆直接砸向某个人的脑袋是不一样的。但是当我们真正理解人性以后，会发现有些过失犯罪其实就是犯罪。法律在判定过失犯罪时通常认为犯罪者的行为并非是有意识的，因此情有可原，但是很多情况下不管是有意识还是无意识，其内在的敌意程度都是相同的。比如，当我们观察几个孩子一起玩游戏时会发现，总有一些孩子不关心其他人玩得开不开心，但是他们也不会明显表现出对同伴的不友好。也许无论观察多久你也不会看到这些孩子伤害其他孩子，但是往往在玩的过程中会有意外发生，其实这些意外之所以会发生，就是因为这些孩子没有把其他孩子放在心上。

在商业活动中，过失与敌意之间的相似性更加模糊。商人不关心对手是否能获得好处，而且也不太考虑社会意识。商业活动以及企业都遵循这样一种理论，要想成为一个成功的商人，就要善于发现对手的劣势。所以在商业中展现自己的敌意是完全正当的，但是这显然会逐渐损害一个人的社会意识，就像过失犯罪一样终将对我们的生活造成不良影响。

在商业竞争的压力下，保护自己往往就意味着伤害他人，所以即使是那些善良的人也很难保证自己不受影响。为了避免商业竞争给社会意识造成更严重的损害，需要人们通过合作共同解决问题。事实上，人类天生就有自我保护的本能，所以要想解决商业竞争带给人类的问题，我们需要心理学帮助人们更好地理解商业关系，同时还要充分发挥心理功能的作用，只有这样才有可能实现人类和社会的共同发展。

在家庭、学校和日常生活中，过失都是普遍存在的。有些人总是对其他人的利益不管不顾，完全按照自己的意愿行事。当然，之后这些人也会受到惩罚——不考虑其他人，他自己也不会好过。而有时惩罚可能会在很多年后到来，"神的磨盘转得很慢"，但迟早有一天会转到。所以那些抱怨命运不公的人，很可能是因为事情过去的时间太长，他已经无法将前因与现在的后果联系起来。但是命运不会忘记他曾经犯下的过失。

　　在很多过失犯罪的背后，隐藏的都是对人类的厌恶。比如，一个超速的司机，以自己要赴一个重要的约会为借口，不顾车上其他人的感受。可见，他将自己的利益凌驾于其他人的感受之上，甚至完全忽略了可能给其他人造成的危险。从本质上看，这个司机为了个人利益，不顾社会中其他人的利益，这体现的就是他对于人类的厌恶与敌意。

第三章

非攻击型性格

与攻击型性格不同，"非攻击型性格"通常不会直接表现出对其他人的敌意，而是表现为远离他人，但是相同的是这两类性格都会给人留下一种带有敌意的印象。就像一个人从来不伤害他人，但是他非常孤僻，不与任何人相处，回避社交，也不懂得与他人合作。要知道，社会中大多数工作都离不开合作，所以一个将自己从社会中孤立起来的人和那些公开与社会为敌的人所带有的攻击性是一样的。下面我们将介绍几个比较典型的非攻击型性格。

孤僻

孤僻的表现形式多样，比如，在公开场合很少或从不发言，与其他人说话时不看对方的眼睛，或者根本不注意听别人说什么。在所有社会关系中，即使是最简单的社会关系，这些孤僻的人也会表现得很冷漠，将自己与其他人分隔开。孤僻的人的冷漠还体现在他们所有的行为举止中，握手的方式、说话的口气、打招呼或拒绝打招呼的方式无一不表现出他想与其他人保持距离的想法。

为什么有些人的性格会如此孤僻？我们在其中发现了虚荣和野心的影子。孤僻的人希望能够通过彰显自己与其他人的不同来满足虚荣心，不过谁都知道这些不过是他们自己想象出来的成功。那些孤僻的人其实在用一种看似无害的方式来展现他们的攻击性。此外，孤僻更多时候是一种群体性的特征。比如，以一个家庭为单位，这个家庭中的所有人都会将自己与其他家庭的人分隔开。因为他们认为自己的家庭要比其他家庭更优越、更高贵，从而在一定程度上表现出攻击性和自大的特点。甚至一个阶层、一个宗教、一个种族或一个国家都可能表现出孤僻的特征。比如，当你来到一个陌生的城市，仔细观察当地的房屋，你会发现不同社会阶层所住的房子结构是不同的，不同的阶层通过这种方式将自己与其他阶层分隔开。

自古以来，文化允许人们脱离自己原本的国家或阶层，或改变自己的信仰。但是当人们用孤僻来表达自己的反抗时，往往就会导致冲突的发生。在这一过程中，有些人为了满足自己的虚荣心，利用冲突激化不同群体间的战争。这类人的特点是，他们认为自己是最优秀的，他们相信自己最有价值，其他人都是邪恶的、令人厌恶的。他们通过各种方法激化各个阶层或国家之间的矛盾，但本质上不过是为了满足他们自己的虚荣心。而且即使最终引发了像世界大战这样的冲突或战争，也不会有人怀疑是因为这类人所导致的。这些麻烦制造者缺乏安全感，他们只不过在以牺牲其他人的代价来满足自己的优越感和独立感。不过，这些孤僻的人终究摆脱不了孤独的命运，他们生活在自己的小小宇宙中，无法适应和融入现代的文明生活。

焦虑

厌恶人类的人通常都比较焦虑，而焦虑本身也是一种非常普遍的性格特征。焦虑可以伴随一个人从出生到年老，可以让一个人的生活变成灰色。焦虑的人不与其他人交往，无法享有一个平和、安静的人生，更不要说能给这个世界作出多大贡献。焦虑影响生活的方方面面，对人一生的影响都非常大。引发焦虑的原因多种多样，既可能是担心外面世界的变化，也可能是害怕自己的内在世界发生改变。

如果一个人害怕社会，他当然会逃避与社会接触。而一个焦虑的人通常会更担心自己而非他人。当面对生活中的困难时，如果有人鼓励焦虑的人，相信他可以克服困难，这时焦虑只会让他更加确信自己不行。生活中应该有很多人在面对任何事时的第一反应都是焦虑，哪怕只是离开家，或者和朋友分别，找工作，向喜欢的人表白。这些人的生活体验和人际交往通常较少，所以生活中任何一点儿变化都可能引起他们的焦虑与担忧。

焦虑的人的这些性格特征会严重影响其人格和能力的发展，但其实人生中很多时候，即使面对困难，我们也不必过于担忧或想要逃避。不过对大部分焦虑的人而言，他们通常意识不到自己的焦虑状态。焦虑使他们在面对困难时为自己找出各种各样的借口，以至于前进的脚步变得越来越慢。

那些喜欢一直思考过去或死亡的人就可以很好地验证我们的观点。思考过去是一种压抑自己的方法，因为很隐蔽所以很多人都喜欢这种方式。而那些很喜欢思考死亡，或者说害怕死亡或疾病的人，其实是在为逃避责任找借口。因为死亡就意味着一切都是虚无的，生命如此短暂，没有人知道未来会发生什么，死后所有人都会变得一样。而对一些将自己的人生目标寄于来世的人而言，今生的努力更是没有意义的。第一类喜欢怀念过去的人，他们回避一些需要证明自己能力的事情，因为他们害怕最后的结果远远低于他们为自己所设定的目标。第二类喜欢思考死亡的人，他们有着一样的信念，为着同一个目标而努力，这个目标就是不努力生活。

最早人们对焦虑症的认识源于孩子。当有些孩子被留下独自一人时会表现出紧张忧虑的特点，即使之后大人回到这些孩子身边，他们的情绪仍然不会立马稳定下来，还会要求大人按照他们的命令完成某些事情。比如，一个妈妈若将孩子单独留下之后离开，孩子会非常焦虑地盼望妈妈赶紧回来，但是当妈妈回来之后他依然很焦虑。这说明无论妈妈在或不在，这个孩子真正关心的只是妈妈是否一直都以他为中心，他是否能控制自己的妈妈。所以如果一个孩子精神上没有独立，这只会迫使他学会奴役和统治自己身边的人。

孩子在焦虑时的表现通常比较明显。尤其是在夜晚，焦虑的哭声回荡在夜空中，因为焦虑，孩子实在难以安静下来，并难以与周围的照顾者建立良好的联结。焦虑的出现通常是在有人要求孩子完成某件事之后，这时要想抚平孩子的焦虑，需要有人打开灯，坐在他身边和他一起玩。只要有人这样做了，孩子的焦虑就会很快被安抚下去。但是如果这时让他感觉到自己的地位受到威胁，那么他会变得更加焦虑。所以从某种程度上来看，焦虑不过是孩子用来巩固控制权的一种手段。

同样，成人中也有很多类似的情况。有些人不喜欢独自出门，即使出去了你也可以很明显地观察到他们走在路上时非常焦虑的姿态和神情。有些人的焦虑可能表现为不喜欢总是变换住处，从一个地方到另一个地方；还有些焦虑的人走起路来像跑一样，就好像有人在追他。甚至在路上有时还会碰到一些焦虑的女性，无缘无故地就需要其他人帮助她，但是她既没有生病也不是残疾人，可以走路也很健康，但只要遇到一点儿小麻烦，她们就会感到很焦虑和害怕。还有些人只要一离开家就会感到焦虑，他们缺乏安全感，甚至这可能还会引起"广场恐惧症"，即对公共场所感到恐惧。焦虑症患者认为自己不同于其他人，他们总是会成为灾难的受害者。他们想象着自己站在很高的地方，担心会掉下来。当一个人的恐惧和焦虑达到病态的程度时，在本质上支配他们的其实还是对权力和优越感的追求。因为对许多人来说，焦虑症的发作就意味着可以得到其他人寸步不离的照顾。所有人都会以焦虑症患者为中心，大家都会来看望他，而他却不用去照看任何人。这样一来，相当于他用焦虑症控制了周围所有人。

如何避免焦虑？唯一的办法就是让人们意识到自己与其他人的联系。只有当人们意识到自己属于人类这个大家庭时，才有可能消除自己的焦虑。

比如，1918 年奥地利大革命时期，许多来访者突然说自己没办法继续前来做咨询。他们给出的理由大体是：这是一个不确定的时期，没有人知道自己会在街上遇到什么样的人。如果看到一个穿着打扮不同常人的人，谁也不知道将会发生什么。

动荡的时期必然会影响到人们安定的生活，但是并不是所有人都会这么想，为什么只有一部分人给出了这样的理由？这当然并非偶然，这些人的恐惧与焦虑主要来自他们从未和人类建立起真正的联结。所以在动荡的时期他们不了解其他人的想法，因此感到很不安全。而那些能够很好地与社会联结，认为自己属于这个社会的人，就不会感到焦虑，依旧按部就班地做着自己该做的事。

胆小也是一种不太明显的焦虑表现。比如，在孩子之间相对简单的交往过程中，胆小的孩子不愿意主动与他人交往，甚至会故意断绝和其他人的联系，因为胆怯和自卑让他们觉得自己与其他人不同，结交新朋友的过程无法给予他们任何的快乐与满足。

胆怯的人面对任何工作都会把它想象得很困难，不相信自己能够完成。所以通常他们的进展很慢，甚至在面对一项任务时，很难取得一点儿成果，更有甚者，他们做了很多努力也没有任何起色。生活中胆怯的人无处不在，当需要解决某个生活难题时，他们的胆怯就会暴露出来。而且这类人往往在从事一项工作之后突然发现自己并不适合这个职业，不符合这个职业的要求。胆怯的人除了行动缓慢，还会对未来考虑得过于长久，对于未来可能出现的意外也会提前做很多准备，他们这样做的目的其实只是为了逃避责任。

个体心理学认为在这些非常普遍的现象背后蕴含着一个相同的问题，即"距离问题"。这种观点认为，要想真正地了解一个人就需要了解他与生活三个问题之间的距离。这三个问题分别是：社会责任问题；"我"和"你"之间的关系问题，即一个人能否建立良好的人际关系，减少与他人不当的联系；职业、爱情与婚姻的问题。所以对于失败的定义就可以理解为一个人与解决这三个问题之间的距离，距离越大说明问题解决得越不好，也就越失败。而距离的大小也可以帮助我们更好地了解人性。

对胆怯的人来说，很多人都在有意地增加或减小自己与问题之间的距离，这样的做法有一定的好处。比如，当一个人需要完成一项他毫无准备的工作，即使失败了也情有可原，而且也不会有损他的自尊心和虚荣心。就像一个在绳索上行走的人，他知道下面有网，即使掉下去也不会受伤。如果一个人很早就开始着手准备某项工作，并且准备得很好，那么成功是理所当然的，就算失败了也不需要承担太多责任。但是反过来，如果一个人每天都迟到，只工作很短时间，但是所有问题他都可以解决，那么他的成功将会得到其他人更多的称赞。相当于他只用一只手就可以完成其他人用两只手才能完成的工作。

逃避困难有很多好处，但是这样将无法实现一个人的野心与虚荣，而且对那些想成为英雄的人来说，他们将无法实现自己的愿望，无法真正地拥有权力。

为什么有些人喜欢逃避问题，甚至给自己制造问题，或者在解决问题时总是犹豫不决呢？可以逃避问题的方法有很多，比如，懒惰、频繁跳槽，甚至犯罪等。这些喜欢逃避问题之人的人生轨迹通常十分蜿蜒曲折，因为他们已经习惯了一遇到障碍就立即转弯的行为模式。

一个现实生活中的例子向我们很好地展现了这一点。一位男性来访者说他对生活已经失望透顶，任何事情都无法使他感到快乐，他厌倦了生活，想要自杀。咨询之后我们了解了他的情况。他是家中的长子，还有两个弟弟。他们的父亲是一个充满活力、野心勃勃，并且非常有成就的人。而这位男性是他父亲最喜爱的孩子，他一直被寄予厚望，希望他能成为像父亲一样的人。这位男性的母亲在他很小的时候就去世了，但是父亲把他保护得很好，他和继母的关系也十分融洽。

作为家中的长子，他天生崇尚权力，而且他的行为举止就像古代的帝王一样。在学校里，他是班长。毕业之后，他接管了父亲的企业，很有领导风范。他待人友好，对工人们也非常好，他付给他们非常高的工资，也会听取他们的合理意见。

但是在1918年的大革命之后，一切都变了样。工人暴动，难以管理。以前他们会提出自己的意见和请求，但是现在直接变成了要求。他感到自己实在无力继续经营这家公司。

由此我们可以发现，这位男性在经营公司的过程中逃避了很多问题。首先，他是一个好老板，以公司的发展为己任。但是当他的权力受到威胁时，他选择了逃避问题，放弃公司。显然，他的理念并不利于公司的发展，也最终毁掉了自己的生活。在社会和商业的发展过程中，没有足够大的野心将无法支撑一个人成为企业的"一把手"，和蔼可亲是无法帮助一个人获得统治的权力的。所以像这类人是根本无法走到统治地位的，因为这样的职业无法让他体会到快乐，他放弃公司的决定也不过是他应对工人抗议的一种方式。

如此一来，他变得虚荣无比。因为事情的突然性让他陷入了某种矛盾之中，无法自拔。他丧失了做出决定的能力，无法为自己找出一条新的出路，所以他把追求权力和优越感作为他日后生活的唯一目标。到最后，虚荣就变成了他最明显的性格特征。

当我们继续了解他生活中的其他关系时，我们就会发现他的社会关系是非常贫乏的。正如我们所预料的那样，他只和听他话的、可以彰显其权力的人交往。他非常聪明但又非常刻薄，总喜欢贬低他人，于是他的朋友越来越少，或者说他其实从来没有过一个真心的朋友。所以他非常缺乏与其他人的联结，这种缺乏迫使他不得不从其他方面寻找乐趣。

除了以上这些问题，这样的性格还会给他的爱情与婚姻带来巨大的问题。爱情需要两个个体之间形成非常深层且亲密的联结，这对一个专横、有野心的人来说是无法容忍的。所以这样的人在选择伴侣时，绝不会找一个柔柔弱弱的人，而是找一个可以被一次又一次征服的人，有挑战才会有胜利的感觉。这样一来，他的妻子一定是一个与他十分相似的人，两个人的婚姻注定是一场永无止境的战争。最终，他选择了一位在很多方面比他还要专横的女人作为他的妻子。在他们的婚姻生活中，为了保住各自的统治地位，他们想尽了一切可以掌握权力的手段。最终，两个人在无休止的战斗后，关系越来越远，但是为了决出胜负，谁也不敢先逃离战场，不敢提出离婚。

这时，这位男性做的一个梦很好地体现了他当时的心情。他梦到自己正在和一位女仆一样的女子说话。他记得在梦中曾和这位年轻女子说："但是你知道，我是贵族。"

他的梦很好地展现了他的内心想法。首先，他看不起其他人，任何人对他来说都像是没有文化且下等的仆人，更不要说是一个女仆。而且此时他正在和妻子交战，所以他梦中的那位女性很可能象征着他的妻子。

没有人了解这位男性的内心，连他自己也丝毫不了解自己。他总是鼻孔冲天，不停地张望着，寻找着可以满足自己的虚荣心的目标。他既与世隔绝，又非常骄傲自大，总觉得自己就是贵族。他不仅喜欢抬高自己，还总是贬低他人。这样的人又怎么可能获得爱情和友谊呢？

这位男性的例子很典型地体现了，为什么有很多人在面对生活中的问题时会走弯路。其实在多数情况下，他们的出发点没什么问题，也很理性，只不过可能药不对症，用错了地方。例如，当这位男性意识到自己必须开始结交朋友时，他也做出了很多的努力和尝试。他加入了一个兄弟会，整天喝酒打牌，无所事事，因为他认为这是交朋友的唯一方法。但是结果是他每天回家很晚，第二天很疲惫，无法正常工作。所以想通过加入这种俱乐部来结交朋友的做法压根儿不可取。而且他认为自己已经付出了很多精力在社会交往上，那么没有精力工作是很正常的。但是结果就是他既没有交到朋友又丢了工作。由此可见，纵然他的出发点是正确的，但是他选择的方法却错了。

导致一个人走弯路的原因并不是我们实际的经历，而是一个人对待事情的态度，思考和评估问题的方式。人类的很多错误都是这样造成的。所以我们要想更好地了解和避免问题的发生，就应该对一个人的行为模式有更清楚的认识。这一过程类似于教育。教育的目的就是为了消除错误，了解错误出现的源头、发展方向以及如何避免酿成大祸。在此，我们必须对古人的智慧表达钦佩之情，因为他们早已悟出这个道理，并创造了复仇女神——涅墨西斯。当一个人因为一些错误的人生选择而遭遇不幸时，造成这一不幸的原因必然是因为他想要追求个人权力，而非实现人类的共同富裕。如果一个人不考虑其他人的利益，只追求个人权力，必然会导致实现人生目标的过程更加坎坷，因为孤军奋战的人更害怕失败。很多胆怯的人都会患有某种神经症，他们自以为是这些症状使他们实现目标的过程充满困难，殊不知病症不过是他们为自己的失败找的借口罢了。

社会无法容忍逃兵的存在，一个人要想生存就必须能够适应社会的要求。满足这些要求不是为了服从统治者，任何想要适应生存的人都必须遵守。相信不管是从我们自身还是其他人身上都可以发现这一真理。有些人喜欢与他人交往，表现自己；也有些人不喜欢打扰他人，热衷于追求权力，不交亲密的朋友。这类人喜欢安静地坐着，即使开心也不会表现出来。相比于公开的讨论，他们更喜欢两个人之间的对话，而且往往要从一些小细节中才能了解他们真实的性格。比如，他们愿意花费很长时间证明自己的观点，这个观点的正确与否对其他人来说可能毫无意义。就算结果证明他是对的，其他人是错的，这对他们来说也不会怎样。但很奇怪的是，只要这类人遇到一点儿困难，就会变得非常疲惫，像生了病一样，无法入睡，也解决不了任何问题。而当你问他们为什么停滞不前时，他们会说因为自己做不到。

实际上，这些不过是他们为了逃避那些令自己感到恐惧的事情而找的借口，因为对于胆怯的人来说，任何一点儿困难都会让他们无比害怕，他们必须不停地与恐惧做着斗争，他们无法享受生活的美好。他们以为只要逃开那些令自己感到恐惧的事就可以正常生活，但这显然是不可能的，逃避永远不是解决问题的方法。

胆怯的人之所以会患有神经症，也是因为对很多待解决的问题抱有恐惧心理。那么在日常生活中面对必须解决的问题，必须履行的责任时他们会怎么办呢？当问题出现时，通常他们会想方设法寻找借口，要么拖延时间，要么直接不去解决。所以他们自然也会逃避社会要求他们应该履行的责任和义务，这不但严重损害他们与周围人的关系，而且会引起所有人对他们的不满。所以，如果我们可以更好地了解人性，在糟糕的结果出现之前就能加以预防，那么就可以避免很多不幸的发生。但是由于很多复杂因素的影响，我们几乎不可能将所有事情的前因与后果准确地联系在一起，并得出准确的结论。我们能做的只是在充分了解每个人行为模式和人类历史发展的基础之上，尽可能地去预见哪些行为会导致错误的出现，以及可能会导致的不良结果是什么。

适应不良的粗俗本性

很多人的性格具有粗俗或不文明的特点。比如，有些人喜欢咬指甲、抠鼻子，或对食物有过于强烈的欲望。这类人在看到食物时会像一头饿狼一样扑过去，丝毫不会抑制自己的欲望，也不为自己的贪婪感到羞耻。而且这些人如果不一直吃东西就会不快乐，所以他们经常被人指责——吃饭太吵了！咬得太大了！吃得太快了！吃得太多了！

粗俗的另一个表现是脏乱。这不是说他们因为工作很多或者想要努力工作导致生活的混乱，而是他们根本不工作，也不做任何对社会有用的事，他们整个人看上去很脏乱，就像生活彻底破败了或者被侵犯过，让人难以联想到这些人的处境是由他们本身的性格特征导致的。

以上这些只是这类人的外在表现，实际上，他们的行为表明他们并没有拿自己的人生开玩笑，他们不想参与到其他人的生活里，所以他们也不会为整个社会做任何贡献。之所以会形成这样的性格特征，往往是因为在童年时期他们的发展受到了限制，使他们无法从某些幼稚的特征中过渡，然后变成熟。

这些粗俗的人通过自己不文明的表现避开与其他人的交往和合作。他们之所以喜欢咬指甲或者有一些类似的坏习惯，其实都是在表达他们不想按照社会的要求来生活的态度，而且其他人也无法用道德来教化他们。什么是避开与他人交往最好的方法？大概没有比弄脏自己的衣服、穿着有污点的西装更好的方法了。否则还有什么更好的方法能让他避免与人竞争、不引起任何人注意也不受到指责，而且还可以避免受到爱情和婚姻的困扰呢？正是因为这些粗俗又不文明的特点，使一个人在失败时有了借口，可以不受任何人的责备。他们表面上说："要是我没有这个坏习惯，我什么做不到？"但他们内心里想的其实是："不好意思，我就是有这个坏习惯。"

下面通过一个例子让我们看看粗俗如何成为一个人自我防卫的工具，以及如何帮助她控制环境。一个二十二岁了还尿床的女孩是家中第二小的孩子，她从小就非常虚弱，容易生病，所以母亲对她格外关心，她也非常依赖母亲，长此以往，她习惯了母亲无时无刻地照顾。为了拴住母亲，白天她经常会有焦虑的表现，晚上就会做噩梦和尿床。她通过这样的手段成功地将母亲留在了自己身边，在满足虚荣心的同时也牺牲了母亲对她的兄弟姐妹们的照顾。

随着女孩慢慢长大，她还出现了很多异常的行为表现，比如，不会交朋友、不敢踏入社会、不去上学。因为只要她一离开家她就会非常焦虑。即使工作以后，当她不得不晚上一个人走夜路时，她的恐惧也是超出常人的。晚上回到家后，她会非常疲惫而且很焦虑，她会把一路上遇到的危险讲给母亲听。这个女孩的所有行为表现无一不在说明她想要一直待在母亲身边，但是迫于经济压力，她又不得不外出工作。最后的结果就是，每找到一份工作，没两天她就会再次出现尿床的症状，她的上司对此非常不满而迫使她离职。而她的母亲并不清楚她尿床背后的原因，所以总是严厉地责备她。直到这个女孩有一次自杀未遂，被送进了医院。母亲发誓以后再也不离开她。

女孩的所有行为，不管是尿床、恐惧夜晚、害怕自己一个人还是自杀，其实都是为了同一个目的，"我必须把母亲留在身边，让她时时刻刻照顾我"。而尿床这种行为可以帮助女孩很好地达到这个目的。所以，有些坏习惯也可以帮助我们了解人性，而且只有当我们彻底地了解一个人和他的经历时，我们才有可能帮助他解决问题。

其实，孩子很多幼稚的行为或坏习惯的出现都是为了吸引大人的注意。尤其当一个孩子想成为众人关注的焦点或者表现自己的弱小时，这些坏习惯往往就会成为他们最好的手段。此外，有陌生人在场的情况下这些坏习惯也有类似的作用。比如，一个非常善于表现的孩子，当有客人在时，他可能会像个小恶魔一样，不停地想要吸引其他人的注意，而且在没有达到他的目的之前是不会停下来的。当这类孩子长大后，他们很可能会采取一些粗俗的方法来逃避社会对他们的要求，并且通过难以和他人相处的方式阻碍人类实现共同幸福。所以，那些看似不文明的行为背后隐藏的还是人类专横野蛮的虚荣心，只不过这种伪装方式使我们很难识别其背后真正的原因和目的。

第四章

性格的其他表现

幽默

如何评估一个人的社会意识水平？通常，我们根据一个人在多大程度上愿意帮助其他人和给其他人带来多少快乐来衡量其社会意识的高低。幽默可以使一个人更有趣，更讨人喜欢，所以我们本能地会认为幽默的人具有更高的社会意识。当我们和那些总是很开心的人在一起时，我们不会觉得压抑，也不用担心他们会将烦恼施加于他人。他们总是散发着使人快乐的魅力，让人相信生活的美好。即使面对一个你完全不认识的人，幽默也可以让他的行为举止、说话方式、衣着姿态甚至每一个笑容都散发着他特有的魅力。著名作家陀思妥耶夫斯基曾说过："相比于无聊的心理测试，笑容才是了解一个人性格最好的方法。"不过，一个人的笑既可以增进也可以损害与他人的关系。有些人用嘲笑表现自己对他人的攻击；有些人因为天性被磨灭，丧失了笑的能力；还有些人也许会笑，但是他们不知道如何给别人带来欢乐，他们只能看到生活的灰暗，看不到生活的希望。很多人要么从来不笑，要么只有逼着他们才会笑，还有人只是故意给别人留下幽默的假象。这些也许就是有些人讨人喜欢，有些人令人厌恶的原因。

更糟糕的情况是，有些人不仅不能给别人制造欢乐，还会损毁别人的快乐。在这些人眼里，生活充满了悲伤与痛苦，他们每个人都在负重前行，任何一点儿困难都会被无限放大，更别说顾及其他人的快乐。他们就像是生活中困难的预言家，不仅对自己感到悲观，生活中的任何人、任何事都会让他们悲观起来。如果看到周围有人很开心，他们就会变得很焦躁，非要找到这件开心事的阴暗面。而且他们不仅会说出来，还会用行动阻止其他人过上幸福快乐的生活。

思维过程和表达方式

有些人的思维过程和表达方式过于浅显，就像是抄袭了一些谚语和格言，他一开口别人就知道他要说什么。听他们说话像读一本劣质的小说，或像读从一些最次的报纸上抄来的一些句子。当然，这种类型的表达方式也有利于了解人性。比如，这类人在说话时总是喜欢用一些俚语，甚至用一些粗俗到令他们自己都震惊的句子。如果一个人在回答别人的问题时总是习惯用俚语或抄来的话，或者报纸、电影中的一些陈词滥调，说明他并没有仔细思考你的问题，缺少对提问者的共情。但是不得不说，有很多人因为心理发育的落后和迟缓，根本想不出还有其他思考问题的方式。

学生气

生活中我们经常会看到这样一类人，他们的心理发展在学生时代就停止了，年龄的增长也始终无法让他们跨越自己在学校时期的状态。无论是在家里、工作中还是社会上，他们总是像个学生似的，认真听讲，等待发言机会。当和其他人在一起时，他们总是想要积极地回答其他人的提问，急于证明自己，仿佛自己回答对了就可以被好学校录取。所以对这些"学生气"很重的人来说，环境的可确定性是他们获得安全感的重要条件。这种性格特征在各种智力水平上都有可能出现。有些"学生气"的人可能会表现得比较冷漠严肃，让人觉得不易接近；还有些人可能会表现得自己像知道一切的样子，就算不知道也能凭自己已有的知识说上一二。

学究气

有一类人喜欢将生活中的每一件事都按照他们所认可的标准或原则进行分类，无论任何时候他们都不会放弃原则。如果出现了已有原则无法解释的事情，他们就会觉得很不舒服。这类人通常被认为是一些枯燥沉闷的老学究或书呆子。在这些人看来，必定存在一些规则或公式可以解释生活的方方面面，如果解释不了，他们就会因此缺乏安全感，变得恐慌。所以当他们面临一个无法用规则或公式来解释的情境时，他们会选择逃跑。如果让他们玩一个自己不擅长的游戏，他们会觉得自己受到了侮辱，因此非常生气。生活中这样的人有很多，他们自以为勤勉认真，却不过是以无节制的虚荣心和控制欲为借口，做着许多反社会的事情。

即使工作出色，他们还是难掩枯燥无聊的"学究气"。他们做事缺少主动性，缺乏兴趣，而且还总是有一些古怪的想法。比如，他们可能会一直沿着楼梯的外侧行走，或者专门在人行道的裂缝上行走。这类人通常会花费大量时间来制定自己的规则，缺少与现实世界的接触，所以他们迟早会让自己与生活脱节。尤其是当他们来到一个新环境时，他们一定是无法适应的，因为在想出一套适用于新环境的规则或公式之前，他们根本无法解决任何问题，也不会做出任何改变。比如，他们可能在适应了一个长长的冬天之后，无法适应春天的到来。当天气变暖时，大家纷纷出门踏青，他们也不得不与其他人有更多的接触，这一切都让他们感到焦虑和痛苦。所以，任何新环境对他们来说都意味着巨大的挑战。他们缺少主动性，也就意味着没有老板愿意雇用他们。这种性格特征与遗传无关，也并非不可改变，只不过他们已经完全受制于这种错误的人生态度，以至于无法摆脱自己对自己的偏见。

卑微

卑微的人同样无法适应一些需要具备主动性的工作。他们习惯了听从他人的命令和指挥，按照其他人的想法做事，所以他们比较适合一些具有强制性的工作。在社会生活中，卑微也有各种不同的表现形式，通常会表现为一种卑躬屈膝的态度。比如，在其他人面前点头哈腰，无条件听取其他人的想法；不仅完全按照对方的指示来行动，还会确认对方是否满意。甚至有些人的卑微程度已经到了将听别人的话作为自己的荣幸的地步，并能从中获得很多乐趣。虽然我们并不认为控制欲强是一种理想的性格特征，但是过于顺从也是有问题的。

对很多人来说，顺从是天经地义的事。而我们所说的这些人不是奴隶，而是女性。自古以来，女性必须顺从似乎是所有人都默认的信条，女性生来就应该听话。即使到今天，在这种观点已经被证明是非常有害且有损人类关系的情况下，这种根深蒂固的思想也难以被消除。连很多女性本身也已经将顺从和卑微作为自己的天职，但是事实证明这样的想法不会让任何人受益。迟早有一天人们会知道，如果女性可以摆脱卑微，世界将会变得更美好。

如果有人可以一直忍受压迫而不反抗，那么他很可能已经迷失了，就像听话的女性变得越来越依赖他人，再无独立的可能。比如下面这个例子中，一位女性和一位声名显赫的男性因为爱情走到一起。她和她的丈夫都认为女性就应该听从男性的。所以慢慢地她就像她的丈夫的一台机器，不停地为她的丈夫服务着，尽着认为自己应尽的义务。时间长了，她身上所有的独立性都被剥夺了，她已经将顺从变成了理所应当的事，甚至已经忘了要如何反抗。然而，最后的结果是这样的关系没有使他们任何一个人感到幸福。

这个案例中两个人因为都受过良好的文化教育，最终才没有出现非常恶劣的结果。但是在很多平常人中，女性往往认为顺从是自己的命运，而男性也理所当然地觉得女性就应该屈服于自己，甚至可以随时欺凌女性。

生活中经常有很多卑微的女性既可笑又愚蠢，她们就喜欢和一些傲慢粗鲁的男性在一起。这种病态的关系存在不了多久，就会出现激烈的冲突与战争。

要想解决这一问题，就必须让男性与女性平等生活，合理分工，确保任何一方都不会受到压制。也许对现在来说这还只是一种理想，但是起码我们可以以此作为衡量文化进步的标准。卑微的问题不仅对两性关系有重要影响，男性也需要承受巨大的压力；而且在国与国之间，不平等也会带来严重的问题。

古代文明创造了奴隶制，几百年来奴隶与奴隶主之间一直互不来往，彼此对立。但是如今世界上大部分人的祖先其实都来自奴隶家庭。现在某些地方仍然保留着种姓制度，也仍然有很多"奴隶"的存在。古时候人们普遍认为奴隶代表着低贱，而奴隶主认为自己更高贵，劳动会弄脏自己，所以他们只说不做，永远都在指挥奴隶干活。希腊文中"贵族"的意思就是"最好的"。贵族是最好的，可是决定好与不好的标准不是美德或品质，而是权力。所以只有奴隶会被分为不同等级，贵族的身份只由权力决定。

现代生活中，我们的很多观点都深受这种奴隶制的影响，只是随着人们之间距离的拉近，这种影响才慢慢减弱。伟大的思想家尼采认为我们应该以"好"为标准，向其他所有比我们优秀的人学习。但是我们今天已经很难再摆脱奴隶制的影响，从而彻底去除主人与仆人的概念，完全相信人人平等。尽管如此，平等永远是我们应该努力的方向，以防酿成大错。现在很多人都持有一种奴性的观念，认为只有当其他人向自己表达感谢时，自己才会快乐。但其实这不过是他们为了适应生存而找的借口。他们中大部分人其实并不会因此感到开心，几乎没有人真的愿意这样做。

傲慢

与上文中所描述的卑微恰恰相反，傲慢的人会永远将自己置于主导地位，他们渴望成为领导者。这类人在生活中只关心一个问题，即"我要怎样做才能超过其他人"，但实际上这样的想法只会给他们带来无尽的失望。不过从某种程度上看，如果这些傲慢的人没有很强的攻击性，他们还是有一定优势的。比如，当你需要一个管事的人的时候，他们会是一个好的领导者，因为他们善于管理和统筹大局。如果处于动荡的时期，国家需要变革时，这些人虽然傲慢，但是他们对权力的渴望和追求却符合一个领导者应具备的特质。不过当他们习惯了到处指挥别人时，往往在家里他们也要做"国王"、统治者。傲慢的人无法忍受为其他人所支配，在他人的控制下，他们会变得焦虑，无法发挥自己的真实水平。即使在和平年代，我们也可以在企业或社会中看到这类人的存在，他们做事具有很强的主动性，而且善于表达，所以他们一般会成为一个小团队的领导者。只要他们在社会规则允许的范围内行事，就不会引起别人的反感，但是其他人也不会给予他们过高的评价。傲慢的人的一生都是为证明自己比其他人更强而活，这使他们深陷痛苦的深渊。平凡普通的工作无法让他们出彩，他们也永远不会成为其他人的最佳队友。

心境

心境决定了一个人对待生活和工作的态度。心理学家认为，一个人的心境由遗传决定的说法是错误的。心境与遗传无关，不同的心境具有不同的目的，它非常敏感，就像很多伸出去的触角，不断试探着新的环境以做出最终决定。

有些人看起来总是很愉悦，他们会竭尽所能地为生活创造快乐，可以看到所有事情积极的一面。快乐的人也可以被分为不同的等级。比如，有些人的快乐就像孩子一样，令人动容。他们会把工作当成游戏，在解决问题的过程中找寻快乐，面对任何事情都不会逃避。这类人的存在往往能让人看到生活的美好。

不过当快乐过度时，面对认真严肃的事情如果还以嬉皮笑脸的方式对待，显然是不合适的，这会给人留下不好的印象。当看到他们不把困难当回事或总是轻敌时，别人肯定会觉得这样的人不靠谱，做事不负责任，也就不会再交给他们一些重要的任务。但是话又说回来，相比于总是愁眉苦脸的人，我们当然更愿意和积极乐观的人相处。快乐的心情也会让他们更轻松地应对困难和挑战。

运气

不可否认，每个人曾经遭遇过的困难都会直接或间接地对他们产生影响，只不过有些人不善于从错误中吸取教训，而是完全将错误的原因归结于自己的运气不好。然后他们会花费一生的时间来验证就是因为运气不好，他们才在许多事情上遭遇失败。当一个人一旦将自己所有的不幸都归于运气不好时，就会有一种仿佛超出自己控制的超能力产生。深入分析会发现，其本质上还是一个人的虚荣在作祟。好像他们的不幸是因为神特意选中了他，雷雨天的闪电似乎也是因为他才出现。如果有盗贼，他们就要担心盗贼是否会到自己家来偷窃，好像任何不幸最终都会降临到他们身上。

只有以自我为中心的人才会如此夸大事实，认为不幸都围绕着自己转。虽然被不幸缠身听起来很可怜，但这不过是为了满足这些人的虚荣心，让别人相信他们是所有人报复的对象。而且这些人往往从童年时期就认为自己会成为偷盗者、杀人犯或者鬼魂的迫害对象，好像坏人的存在就是为了迫害他。

从外在形态上看，这类人走路时通常会弯着腰，让其他人都能看到自己所承受的巨大压力，这样很像为了保卫希腊神庙而被压在柱廊下的加利亚德人。总是觉得自己运气不好的人往往会很认真地对待每件事，但等待结果时却很悲观。这样的信念不仅会让他们感到自己生活得很痛苦，而且也会连累他人。其实不幸的根源是虚荣，不幸的存在只是为了让他们相信自己很重要。

宗教崇拜

一些长期承受误解的人很可能会走向对宗教的崇拜，因为宗教可以包容他们原本的样子。上帝的存在让他们的痛苦与抱怨有了安放之处，但仅此而已，他们唯一在乎的还是自己。他们相信自己所尊敬和崇拜的上帝就应该为自己服务，并且有责任对他们的所作所为负责。在这些人看来，一些人为的方法，比如，热忱的祈祷或者一些宗教仪式，就可以增进自己与上帝之间的紧密关系。所以对他们来说，上帝存在的唯一目的就是为了帮助他们消除烦恼，帮助他们解决问题。这种观念往往成为宗教中的异端邪说，就像曾经被烧毁的宗教裁判所又回来了似的。持有这种观念的人无论是对上帝还是对周围人的态度都是一样的，他们只是不停地抱怨和哭号，却从未想过要如何真正地解决问题，改善自己的处境。

下面这个十八岁女孩的故事很好地展现了一个虚荣的利己主义者是如何形成这种宗教观念的。虽然这个女孩很有野心，但是她心地善良，努力勤奋，并且在每一次宗教仪式中她都会怀着最虔诚的态度参加。突然有一天，她因为自己总出现某些邪念，认为自己违背了神的旨意，陷入了对自己深深的自责中。之后她经常用一整天的时间来谴责自己，甚至让人觉得她有些精神失常。她跪在角落，痛骂自己，可其他人却从未责怪过她。一天，一位牧师想要尝试帮助她摆脱罪恶的折磨，告诉她她从未有罪，而且她一定会得到救赎。第二天，女孩在街上找到牧师，并对牧师大喊道："你不配进教堂，因为你已经放下了自己的罪。"到这里已经足够看出一个人的野心是如何导致他走向错误的宗教崇拜，虚荣心会让一个人无法辨清好与坏、美德与罪恶、纯洁与堕落。

第五章

情　绪

　　情绪可以体现一个人的性格特征，情绪的释放通常需要某种有意识或无意识的压力。与性格类似，表达情绪的过程也遵循某个特定的目标和方向。情绪作为一种具有一定时间界限的心理活动，与每个人的生活方式和行为模式相适应，并不神秘。个体为了改善自己的处境，通常会借助情绪的表达，使其更有利于自身的发展。尤其是当一个人被迫放弃自己的目标，或者知道自己已经无法实现目标时，这时的情绪表达会更为剧烈。

　　当我们和一个自卑的人相处时，我们会发现他们之所以过于努力地想要证明自己，甚至做出一些极端的行为，是因为他们相信只要不放弃努力、顽强拼搏，就一定可以成为万众瞩目的焦点，证明自己的能力。就像愤怒的产生一定是因为有"敌人"的存在，如果不是为了打败敌人，我们为何会生气？现实生活中，人类的文化传统允许人们表达愤怒，这说明愤怒还是有用的。表达愤怒在一定程度上可以帮助人们达到自己的目的，否则谁还会发脾气。

　　如果一个人不相信自己有能力实现目标，但是他又害怕失去安全感而不肯放弃目标，这时他可能会为了实现目标付出更多的努力，并且借助情绪的作用来帮助自己。比如，一个自卑的人可能会采取更偏激和残忍的手段以达到自己的目的。

　　情绪与人格密切相关，为所有人共有。每个人在特定情境下会出现特定的情绪表现，我们称为情绪能力。情绪对每个人都非常重要，而对人性的深刻认识将有利于帮助我们识别他人的情绪。由于身心的紧密性，一个人的情绪通常也会表现在一定的身体变化中。比如，情绪可以影响一个人的血液流动和呼吸系统，表现出脸红、脸色苍白，或者心跳和呼吸的变化。

分离型情绪

A. 愤怒

愤怒情绪的出现主要是为了扫除权力争夺过程中的障碍，帮助个体尽快地拥有统治权。既有研究结果表明，过于渴望权力的人往往更容易出现愤怒情绪。哪怕一些人只是想得到别人的认可，但当这种渴望逐渐演变成对权力的追求时，一点儿很小的刺激就会引起他们出现愤怒情绪。也许是基于以前的经验，易怒者通常将愤怒作为他们达到目标、战胜对手的一种最轻松的方法。这种方法既不要求个体有多高的智商，而且多数情况下还很好用。

的确，在某些情况下愤怒是必须的，也是合理的，但是我们这里所讨论的并非这种情况。我们所指的是那些习惯性愤怒的人，他们已将愤怒作为自己的一种应对方式。甚至有些人在面对问题时，除了愤怒没有其他任何解决办法。这类人通常很傲慢也很敏感，他们一定要让自己高于他人，连平等都是他们无法忍受的。这类人的眼睛通常很尖锐，时刻保持警惕的状态，以防其他人离他们太近，或者观察谁没有对他们表现出足够的重视。高度的敏感性往往使他们具有不信任的性格特征，他们很难信任周围的人。

除了愤怒、高敏感性和不信任，这类人还会表现出其他的性格特征。

比如在某些情况下，非常有野心的人在面对重要的工作时会表现出令人难以理解的恐惧感，使他们很难适应社会的要求。这其中的原因可能是，一旦失败了，他们将别无选择，由此他们可能会因被逼无奈做出一些破坏行为，比如，打碎镜子或者打破花瓶。这时如果他向其他人解释说自己也不知道自己在做什么，其他人根本不会相信。很明显，这一切都是他提前计划好的，他将自己的愤怒发泄在一些有价值的东西上。

通过表达愤怒来实现自己的目的的方法对自己身边的人也许还有用，但是一旦将生活范围扩大，这种方法很可能就会失效。那些习惯性愤怒的人会陷入与世界无尽的矛盾与冲突中。

愤怒情绪的外在表现非常明显，易怒者总是以一种敌对的姿态面对周围的世界。而敌对往往与权力的争夺有关，追求权力的过程经常会让人联想到自己愤怒地打败对手，所以愤怒其实是社会意识的对立面。作为性格最明显的外在表达，学会观察他人的情绪变化对了解人性来说至关重要。我们在前文中已经多次提到，权力争夺的内在基础其实是一个人的自卑感。如果一个人根本意识不到自己的权力，也就不会出现攻击或暴力行为。所以请不要忽略这一事实，愤怒与一个人的自卑密切相关，愤怒不过是以牺牲其他人的利益来使自己获益的一种卑鄙伎俩。

另外，酒精是导致愤怒出现的另一个重要因素，而且通常一点儿酒精就足以发挥作用。酒精可以很轻易地让人退化到受文明教化之前的状态，做出没有教养和不文明的行为。这样一来，喝醉酒的人就可以理所应当地放松对自己的控制，也不需要顾及其他人。一个人没有喝醉之前，他可能还会尽其所能地控制住自己对他人的敌意和不友好，但是一旦喝醉了，他的真实性格就可以被彻底释放。所以喜欢喝酒的人往往是那些生活失意的人，他们在酒精中寻找安慰，意图忘记生活的苦恼，为自己的失意找借口。

孩子通常比大人更容易发脾气，甚至一点点小事就足以让一个孩子大发脾气。这其中的原因主要是，在孩子所处的年龄阶段，强烈的自卑感让他们毫不掩饰自己对权力的追求。但是面前的困难又是那么难以逾越，所以他们不得不用愤怒来表达自己想要得到认可的愿望。

如果一个人的愤怒水平过高，反而很可能会伤害自己。比如，在很多与自杀有关的报告中，很多人自杀的原因是为了使自己的家人或朋友受伤，或者因为曾经的某些失败而用自杀来报复自己。

B. 悲伤

当一个人在失去某样东西后却感到无法安慰自己时，就会出现悲伤情绪。和其他情绪一样，悲伤也是对缺失感或不愉快的补偿，人们希望这种情绪能使自己的处境变得更好。在这方面，悲伤和愤怒的作用是一样的。不同的是，悲伤和愤怒所指向的对象以及所采用的方法不同。愤怒的人通过抬高自己、贬低他人来获得优越感，所以愤怒的对象是其他人。而悲伤其实代表一个人心理优越感的缩减，缩减之后会激发他进一步提升自己，获得心理满足。虽然和愤怒所采用的方式不同，但悲伤同样指向环境而非自己。所以悲伤者更多会采取抱怨的方式，以表达自己对其他人的抗议。悲伤是人类的天性，但是过于悲伤则可能会发展为对社会的敌意。

悲伤者通过表达自己对周围环境的态度以实现自己的目的。悲伤情绪的表达可以促使其他人更多地站在自己的角度，同情自己，从而获得其他人的支持、鼓励和帮助。眼泪和哭诉是悲伤者最好的武器，它们既可以帮助悲伤者表达对事情的控诉，也能实现掌控环境和提升自己地位的目的。在审理案件的过程中，被告越悲伤仿佛就意味着他受到的冤屈越大，他的申诉越合理。所以悲伤可以使人们更相信受害者的话，使侵犯者受到更多谴责，承担更多责任。

悲伤这种情绪向我们很好地展示了人们如何将自己的弱势变为优势，以及如何摆脱无力感和自卑感，保持住自己的权力和地位。

C.情绪滥用

情绪的意义与价值主要体现在，它可以帮助人们克服自卑、表达个性、获得他人的认可。情绪的表达具有重要的心理功能。比如，当一个孩子意识到原来自己可以通过生气、悲伤或哭泣来控制周围环境、引起他人注意时，他将会一次又一次地用这种方法来达到自己的目的。最终他会形成一种行为模式——只要自己有需要，即使面对一些小问题也会表现出强烈的情绪反应。滥用情绪不仅是一种坏习惯，甚至还会发展到病态的程度。如果一个人不断地滥用情绪，将愤怒、悲伤或其他情绪的表达当作儿戏，这些情绪很快就会失去价值。只要别人拒绝或威胁他们，他们就习惯性地用情绪来表达自己。比如，他们可能会将悲伤演绎为大声地哭闹，但这丝毫不会引起人们的同情或怜悯，只会让人厌烦。

在滥用情绪的同时，可能会伴随一定的生理表现。比如，经常愤怒的人可能会存在消化系统的问题，当他们十分愤怒时甚至会出现呕吐的情况，以此更直接地表达出他们的不满。同样，悲伤的人可能会拒绝进食，导致体重减轻，做出更符合悲伤的应有的样子。

当一个人通过滥用情绪来引起其他人的注意时，由于社会意识的存在，其他人并不会无动于衷。其他人的安抚可以缓解愤怒，但是却无法缓解一个人的悲伤，因为悲伤的目的就是为了让其他人同情。只有这样他们才会感觉自己受到了关注，自己的地位得到了提升。

虽然人们会向愤怒者和悲伤者表达自己的关心与同情，但是愤怒和悲伤这两种情绪仍然属于分离型情绪。因为它们并没有将人们之间的距离拉近，反而因为损害了社会意识，使人们之间的距离变远。从某种程度上看，悲伤的确会拉近人们之间的关系，但这并不是一种正常的关系，因为悲伤者与安抚悲伤的人在努力的程度上是不均衡的。最终如果一方付出得更多，必将不利于社会意识的发展。

D. 厌恶

厌恶情绪的分离性没有其他情绪那么明显。在生理上，如果我们的胃壁被什么东西刺激了一下就可能会出现呕吐的情况，心理上也是如此，心理上的呕吐为厌恶情绪的表现。厌恶情绪之所以被认为是一种分离型情绪，是因为当人们出现厌恶的表情时，会给人以蔑视的感觉，让人觉得他想要离开当下这个环境。所以厌恶情绪可以作为从某一令人不愉悦的环境中脱身的借口，而且厌恶情绪很容易伪装。不仅如此，我们甚至还可以通过学习，学会如何表现厌恶。最终使一个原本不具有伤害性的情绪成了人们表达抗议或者逃离社会的有力武器。

E. 焦虑

焦虑是人们生活中非常常见且重要的情绪之一。焦虑不仅是一种分离型情绪，类似于悲伤，焦虑还会影响自己和其他人之间的关系。比如，一个孩子因为焦虑想要逃避，但是他可能还是会想要获得其他人的保护。焦虑的出现往往预示着一个人离失败不远了。处在焦虑中的人一方面会把自己想象得很渺小，这似乎有利于和其他人的联结，但是另一方面他们也渴望优越性。所以感到焦虑的人首先会换一个环境使自己先安静下来，当他们感觉自己有把握战胜困难时，才会选择跳出来继续为自己争取。

在处理焦虑这种情绪的过程中，我们发现有一种根深蒂固的东西在影响着我们，那就是可以支配所有生命存在的原始恐惧。人类作为一种脆弱且缺乏安全感的生物，天性中更容易受到这种恐惧的影响。也正是由于我们不够了解人性以及人生中可能遭遇困难，才让很多孩子的成长过程中出现各种问题。当孩子慢慢长大，逐渐发现生活中的各种挑战和不易，当他一次次尝试却仍然无法很好地获得安全感时，他就会越来越悲观。最终，他对于想要获得帮助的渴望以及对周围环境的认知将影响他的性格形成。如果他发现自己很难找到解决问题的方法，他就会变得越来越小心谨慎；如果他一直被迫要不断努力前进，他反而会更想退缩。对一个时刻准备逃跑的人来说，焦虑将会成为他最有可能表现出来的性格特征。

一个人在出现焦虑情绪时会本能地想要抑制，但是抑制的方式可能并不是攻击或直接地表现出来。当焦虑情绪发展到焦虑症的病态程度时，我们可以据此更好地了解一个人的内心。焦虑的人特别渴望得到其他人的帮助，甚至完全依赖于他人。

关于焦虑的一些深入研究我们已经在叙述焦虑这一性格特征的章节中有所介绍。焦虑的人需要其他人的支持，需要其他人一直关注他们。事实上，这类似于一种主仆关系，焦虑者需要其他人像仆人一样在身边给予他帮助和支持。当我们对这种现象进行深入调查后会发现，很多人需要获得一种特殊的认可。由于和生活缺少联系或者联系不当，很多人已经丧失了独立性，所以才会表现出对特权的渴望。但是无论其他人给予他们多少陪伴，都无法从根本上增强他们本身的社会意识。他们表现出焦虑不过是为了使自己再次享有特权。虽然焦虑可以帮助人们逃避生活的要求，控制身边的人，但是焦虑最终将会侵蚀一个人所有的人际关系，成为一种获得控制权的工具。

A. 快乐

在连接人与人之间关系的各种情绪中，快乐是最为明显的一种。当人们想要一起玩、想要更多地联系彼此或者一起享用某物时，快乐的出现就会打破人们之间孤立的状态，众人在一起拥抱彼此。可以看出，快乐的连接性表现在，人们愿意向其他人伸出援助之手，让其他人感受到自己给予他们的温暖。事实上，快乐可能是战胜困难、消除孤独和失意的最好的方法。快乐可以让人情不自禁地微笑，而笑容可以帮助人们释放能量，给予人自由的力量，而且笑容无界，可以让所有人感受到支持和温暖。

尽管如此，滥用笑容和快乐仍然会造成很多问题。比如，一位来访者说他在一次大地震的报道中不小心表现出了一丝喜悦之情，但其实他内心非常悲伤，因为害怕悲伤让自己产生无力感，他反而表现出了与悲伤相反的快乐情绪。还有一种滥用快乐的情况就是当其他人很悲伤时自己却表现得很快乐。当快乐出现在错误的时间或场合时，它反倒会成为一种损害社会意识、分隔人与人之间关系的情绪。

B. 同情

同情是与社会意识关系最为密切的一种情绪。同情代表一个人对其他人感同身受的能力，一个人有同情心说明他的社会意识已经较为成熟。

但是滥用同情的情况非常普遍。尤其是人们经常会夸大自己的同情心，假装自己的社会意识水平很高。比如，很多人为了被报纸报道或者为了获得他人的赞扬就挤在灾难现场，表面上好像是关心受难者，其实没有为他们提供任何帮助。还有一些人似乎热衷于了解发生在其他人身上的不幸，甚至有些人通过同情或施舍他人来满足自己的优越感。伟大的人类学家拉罗什富科曾说过："我们总是希望从其他人的不幸中得到补偿。"

有一种错误的观点认为，有些人喜欢看悲剧是因为他们觉得自己比剧中的人物更幸运。但是大部分人并非如此，喜欢看悲剧更多的还是因为想要了解自己或学习知识。毕竟这不过是一种戏剧表演，观看的目的也不过是为了让我们更好地过自己的生活。

C. 谦虚

谦虚是一种既属于连接型也属于分离型的情绪。作为社会意识的重要组成部分，每个人的生活都不应缺少谦虚，人类社会更是离不开谦虚。谦虚的意义在于，当一个人即将沉沦或者迷失时，谦虚可以让他清楚地意识到自己的价值。作为一种情绪，谦虚有着明显的身体反应。比如，因为皮肤毛细血管的扩张，出现脸红的表现，还有一些人可能会出现全身发红的现象。

谦虚的外在表现是一种明显的退缩行为。当处于具有威胁性的情境下时，谦虚类似于带有一点儿抑郁的孤立，人们会希望自己能从中脱离出来。在逃脱过程中通常会伴有眼神向下、表情羞怯，这时的谦虚是很明显的分离型情绪。

像其他情绪一样，谦虚有时也会被误用。比如，有些人天生就容易脸红，让人误以为他想要逃避与其他人的关系。所以在这种情况下，谦虚的分离作用会很明显。

在此，我们希望能对教育在家庭、学校、生活以及个体成长过程中的作用进行讨论。

当代家庭教育过于强调孩子对权力的追逐和虚荣心的发展，而且每个人在成长过程中都会被灌输这样的信念。当然，家庭教育本身具有明显的优势，家庭也是最适合开展教育的地方。正是家庭的存在才足以维持每个人的健康和生存。如果父母还是很好的教育者，那么他们可以在孩子刚出现错误的发展倾向时就指出错误，并通过适当的教育方法予以纠正。所以家庭对每个人来说都是至关重要的。

但是现实情况并没有我们想象的那么美好，很多父母既不是好的心理学家也不是好老师，这就导致很多家庭过于强调利己主义的重要性。这种利己主义的危害在于，每个家庭都相信自己的孩子最为特殊、最有价值、最应该被关注，哪怕要以牺牲其他孩子的利益为代价。所以，现在很多家庭教育会灌输给孩子一种错误的观念：必须超过其他人，成为最好的那个。如此一来，会导致很多孩子出现心理问题。尤其是在以父亲为主导的家庭中，孩子往往难以避免受到这种观念的影响。

之所以父亲主导的家庭会出现很多问题，是因为父权统治几乎不考虑人类的社会意识，它在一个人很小的时候就开始诱导孩子在内心深处去对抗社会意识。这种权威式教育最大的问题就在于，它让孩子以追求权力为自己的目标，让孩子体会到拥有权力是多么美好的事情。但这最后只会让孩子过于追求权力和控制感的满足，变得无比虚荣。现在，所有孩子都渴望成为塔尖上的人，希望得到其他人的尊重，慢慢地就发展为要求所有人都服从自己，甚至最后会发展为对父母和整个世界的仇视与敌对。

在这种家庭教育观念的普遍影响下，没有孩子可以做到不以实现优越为自己的目标。很多时候，我们会看到一个孩子说自己喜欢扮演"大人"。当孩子长大时，他们对童年的回忆很清楚地表明他们对世界的认知等同于自己的家庭。所以当人的需要受到威胁时，人们往往会想要逃离伤害他们的世界。

家庭确实可以在某种程度上发展一个人的社会意识，但是对权力以及权威性的追求使家庭对一个人社会意识的培养非常有限。一个人最初对爱的认识其实是来自与母亲的关系。对孩子来说，意识到自己与母亲的关系是非常重要的经历，因为母亲的存在让他们知道了"我"和"你"之间的区别，同时他们会发现世界上有一个完全值得自己信赖的人存在。尼采曾说过："每个人都是基于自己与母亲的关系塑造了自己爱的人。"裴斯泰洛齐也曾说过："母亲决定了一个孩子未来与世界的关系。"甚至可以说一个人与母亲的关系实际上决定了他之后的所有行为。

母亲对一个人社会意识的发展也有着重要的作用。很多人之所以性格古怪，很可能是他和母亲之间关系不正常所导致。母亲与孩子之间关系的扭曲通常会导致孩子出现社会缺陷，主要包括两种类型。第一种是由于母亲没有尽到自己应尽的责任，导致孩子的社会意识发育不成熟。这种缺陷非常严重，并且会导致很多不良后果出现。他们可能会仇视自己周围的环境，成为非常古怪的人。要想帮助这类孩子，唯一的办法就是有人重新扮演他们的母亲的角色，以弥补他们在成长过程中所缺失的母爱。第二种缺陷更为常见，即母亲过于承担责任，让孩子无法发展出除母亲以外的其他社会关系。这就导致孩子只愿意和母亲待在一起，不愿意与其他人接触，从而丧失了成为一个社会人的能力。

在教育的过程中，除了与母亲间的关系，还有其他一些重要的时刻也会影响个体的发展。比如，一个让人感到快乐的托儿所，它可以帮助孩子具备适应环境的能力。要知道，一个孩子刚来到世界上时需要面对的困难非常多，所以能拥有一个快乐的童年对他们来说非常重要，它就像一个可以引领孩子继续前进的指路牌。其实很多孩子都是带着痛苦来到这个世界上的，而且大部分孩子很难进入一所能让他们真正快乐的托儿所，他们没有机会感受到温暖的人类大家庭，这也就是为什么很多孩子渐渐长大却没有发展出良好的社会意识，也无法和生活成为真正的朋友。另外，错误的教育也会对此产生重要的影响。严厉的权威型教育不但会剥夺孩子生活中所有的快乐，而且这种教育方式就像是将孩子养在温室中，看似帮他扫除了所有障碍，但是当他长大成人时，稍微恶劣一点儿的环境就会使他无法生存下去。

因此我们可以看出，目前的家庭教育还无法培养出社会和文化所认同的、完全符合人类社会需要的人。当我们过于强调培养孩子的野心、关注个人利益时，很多孩子会认为老师不过是一种职业，不值得自己学习和尊敬。要知道，让孩子一味地追求权力将无法避免地会给孩子的心理发展造成不良影响。也许权力不一定要靠武力来获得，但是一定会以社会意识为代价。学校对于每个孩子的心理发展发挥着重要的作用，所以一定要保证学校教育可以帮助每个人实现心理的健康发展，只有这样的学校才能称为一所好学校，一所真正有利于社会发展的学校。

结　论

　　我们希望通过本书能让大家了解到，虽然人性可能受到遗传的影响，但是人性的发展最终由社会因素所决定。人类一方面需要满足机体发展的需求，另一方面还需要满足人类社会发展的需求。所以本书主要讲述了人性的发展以及人性发展过程中所需要的条件。

　　经过深入探究，我们讨论了认知、记忆、情绪和思维对人性发展的意义，以及各种性格特征和不同情绪类型。我们发现，这些现象之间都存在某种内在联系，它们一方面受制于社会生活的影响，另一方面受到人们对权力和优越性追求的影响，最终形成每个人独特的行为模式。社会意识影响实现优越的人生目标，塑造每个人不同的性格特征。所以性格并非由遗传决定，而是随着心理发展以及不同阶段的目标而有意识地变化。

　　各种各样的性格特征和情绪变化是我们了解人性的重要指标。比如，根据对权力渴望程度的不同，每个人都有一定程度的野心和虚荣心。而性格和情绪可以帮助我们了解一个人对权力的追求以及他们所采用的不同表达方式。一个人的野心和虚荣心如果过度膨胀，则可能会阻碍其心理的正常发展，而且还会减少甚至消除一个人的社会意识。

　　了解心理发展的规律对每个想要掌控自己命运的人来说都非常重要，它可以使我们从愚昧无知走向对自己清楚的认知。基于人性的实验研究是使人性研究成为科学的基础，只有科学才值得被讲授、被学习。人性研究是关于人类心理过程的科学，理解人性对每个人都不可或缺。